# THE SUNDAY TIMES

# Tetonor

## Book 1

**200 challenging numerical logic puzzles**

THE SUNDAY TIMES

# Tetonor

## Book 1

Published in 2018 by Times Books

HarperCollins Publishers
Westerhill Road
Bishopbriggs
Glasgow
G64 2QT
**www.harpercollins.co.uk**

10 9 8 7 6 5 4 3 2



ISBN 978-0-00-829038-2

Printed and bound by CPI Group (UK) Ltd, Croydon CR0 4YY



A catalogue record for this book is available from the British Library.

If you would like to comment on any aspect of this book, please contact us at the above address or online.
E-mail: puzzles@harpercollins.co.uk

**Acknowledgement**
ELEONORE SAS / THIERRY PRADIGNAC & JAMES CONSTANT

# Contents

# Introduction

# Introduction

One of my tasks as Puzzles Editor of *The Times & The Sunday Times* is to sift through unsolicited ideas for new puzzles. Sadly, the vast majority of ideas fail to cut the mustard: they may be too straightforward, too complex, unashamedly derivative or just plain indecipherable. However, every now and then a puzzle comes along that hits the mark straight away. **Tetonor** was one such puzzle.

**Tetonor** is the creation of two ingenious minds from across the Channel: Thierry Pradignac and James Constant. What I liked immediately was the combination of arithmetic and logic needed to crack the puzzle, which differentiated it from its purely logic-based cousins like Su Doku. It didn't require any specialist knowledge, just the ability to add and multiply relatively small numbers. And it was clear that there was plenty of scope for many distinct puzzles at a range of difficulty levels: in fact, Thierry and James have calculated that there are 49,800,000,000,000,000,000 possible grids!

The puzzle launched exclusively in *The Sunday Times* in April 2016, quickly becoming a must-solve favourite for number crunchers everywhere. I hope you enjoy the challenge as much as I have since this wonderfully innovative puzzle came our way.

**David Parfitt**
**September 2018**

# Tetonor

**Tetonor** is an innovative puzzle that allow players to have fun while improving their mental arithmetic and deductive reasoning abilities. The instructions are very simple; just read the following.

**How to play Tetonor**

Each puzzle consists of a grid and a strip of numbers below. Strip numbers must be associated in pairs so that the result of their addition and of their multiplication matches with two numbers in the grid, e.g. with strip numbers 5 and 15, you can make the operations 5 + 15 = **20**, and 5 x 15 = **75**. Now 5 and 15 cannot be used again.

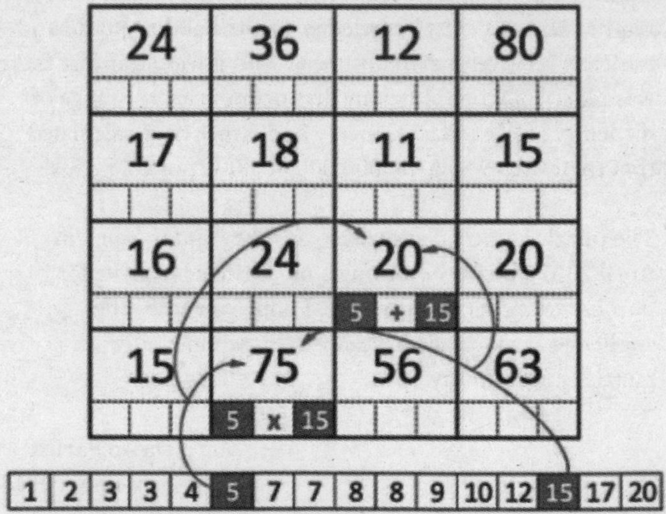


Then simply continue completing the grid in the same way, placing the remaining numbers in the strip to fill the grid entirely.

| 24 | 36 | 12 | 80 |
|---|---|---|---|
|  | 3 x 12 |  |  |
| 17 | 18 | 11 | 15 |
|  |  |  |  |
| 16 | 24 | 20 | 20 |
| 7 + 9 |  | 5 + 15 |  |
| 15 | 75 | 56 | 63 |
| 3 + 12 | 5 x 15 |  | 7 x 9 |

| 1 | 2 | 3 | 3 | 4 | 5 | 7 | 7 | 8 | 8 | 9 | 10 | 12 | 15 | 17 | 20 |
|---|---|---|---|---|---|---|---|---|---|---|---|---|---|---|---|

The puzzle is complete once the 16 grid boxes are solved, and none of the strip numbers are available. Most puzzles will contain blanks in the strip that will need to be deduced, bearing in mind that numbers are sorted in ascending order.

Over to you!

Example given

| | | | |
|---|---|---|---|
| 24 | 36 | 12 | 80 |
| 17 | 18 | 11 | 15 |
| 16 | 24 | 20 | 20 |
| 15 | 75 | 56 | 63 |

| | | | | | | | | | | | | | | | |
|---|---|---|---|---|---|---|---|---|---|---|---|---|---|---|---|
| 1 | 2 | 3 | 3 | 4 | 5 | 7 | 7 | 8 | 8 | 9 | 10 | 12 | 15 | 17 | 20 |

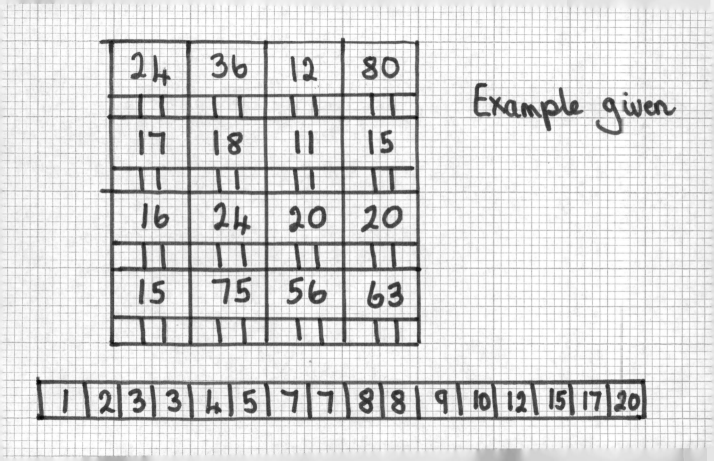

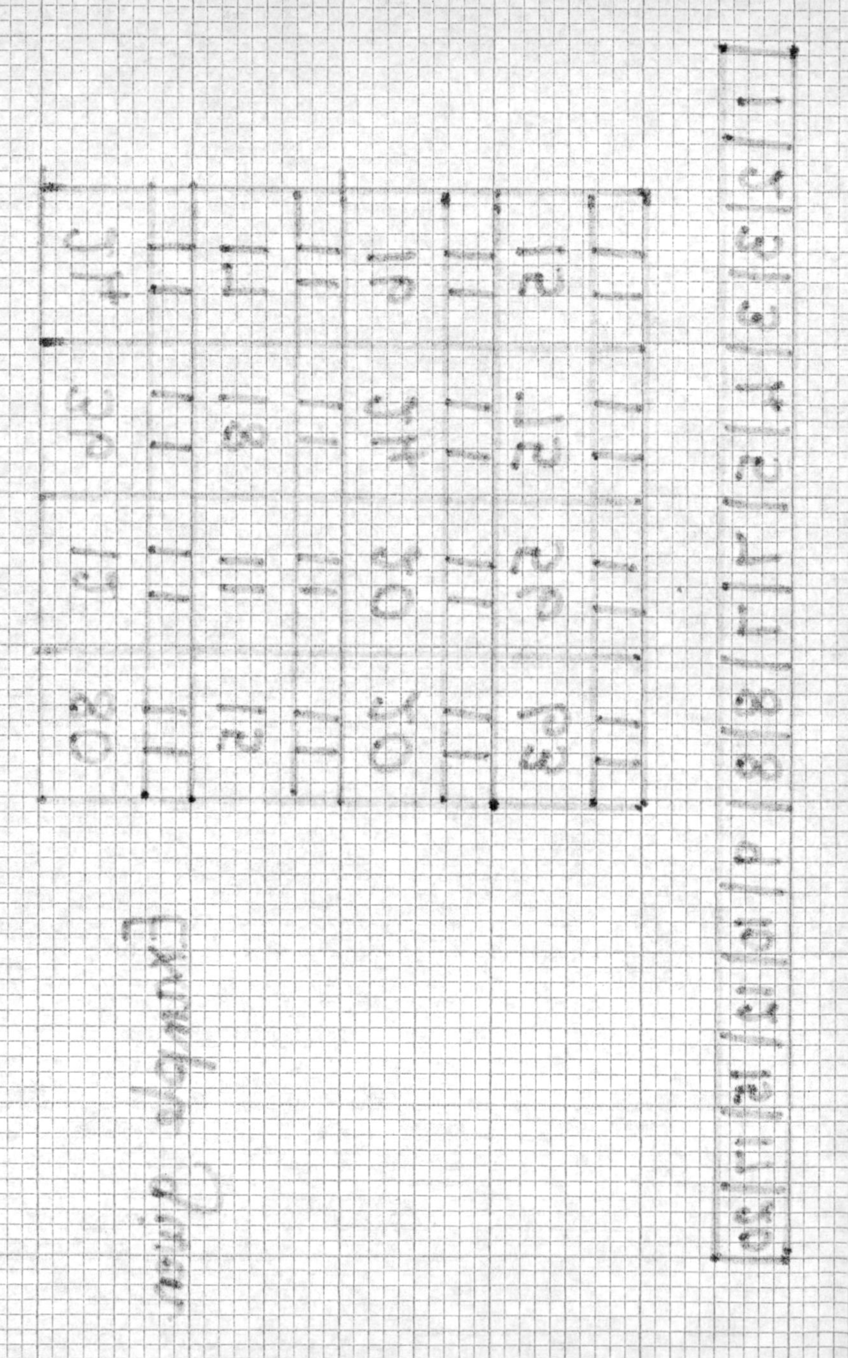

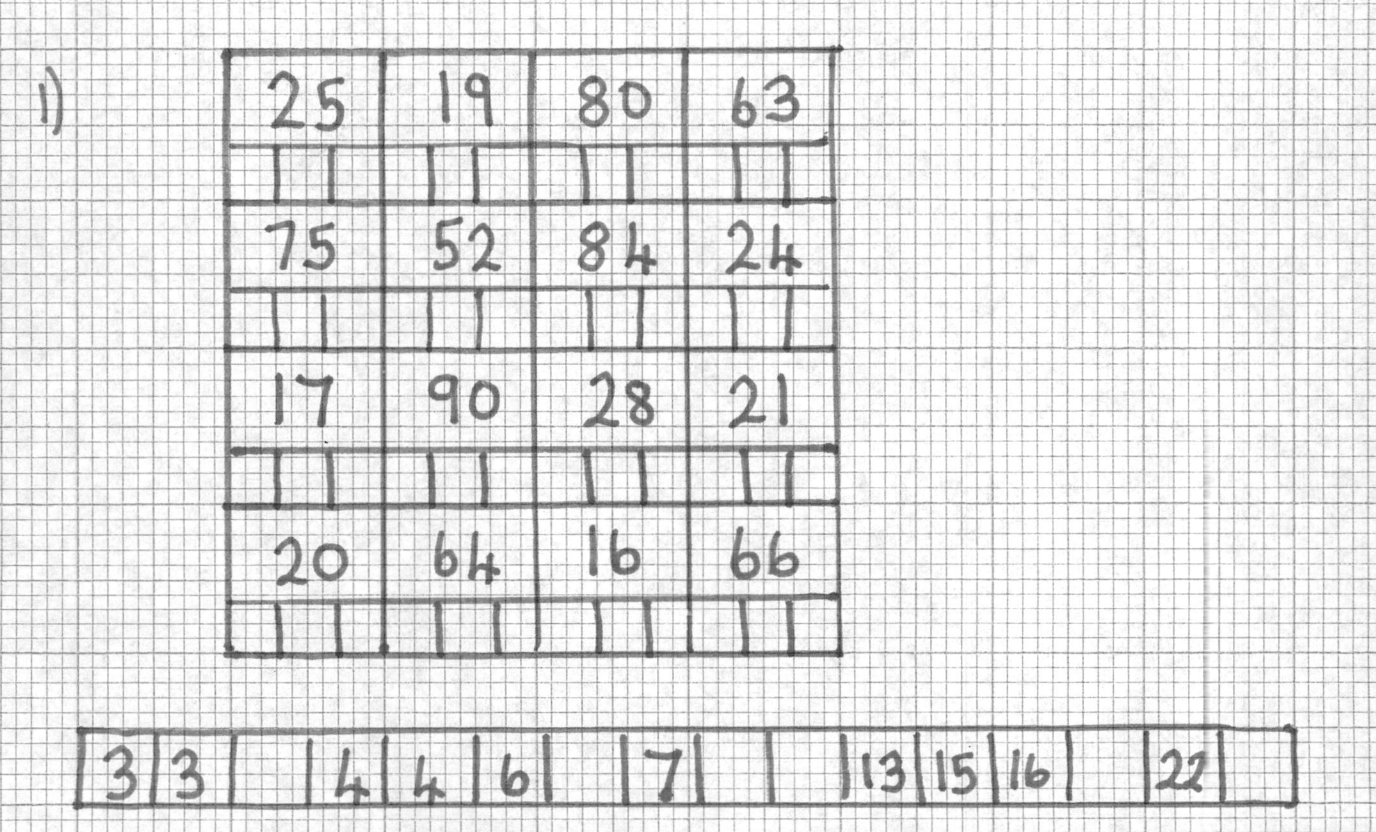
1)
25
19
80
63
75
52
84
24
17
90
28
21
20
64
16
66
3
3
4
4
6
7
13
15
16
22

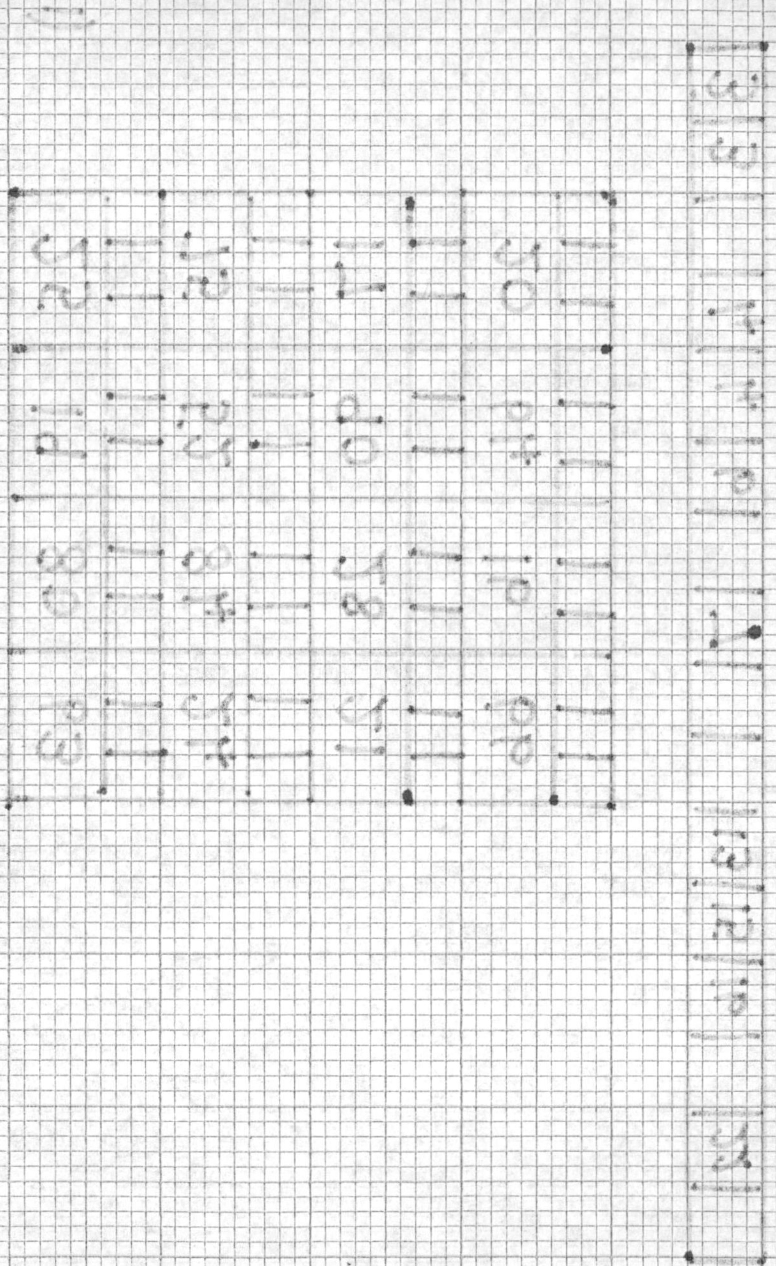

| | | | |
|---|---|---|---|
| 83 | 80 | P1 | 25 |
| 24 | 84 | 52 | 15 |
| 21 | 28 | 40 | 17 |
| 96 | 19 | 94 | 20 |

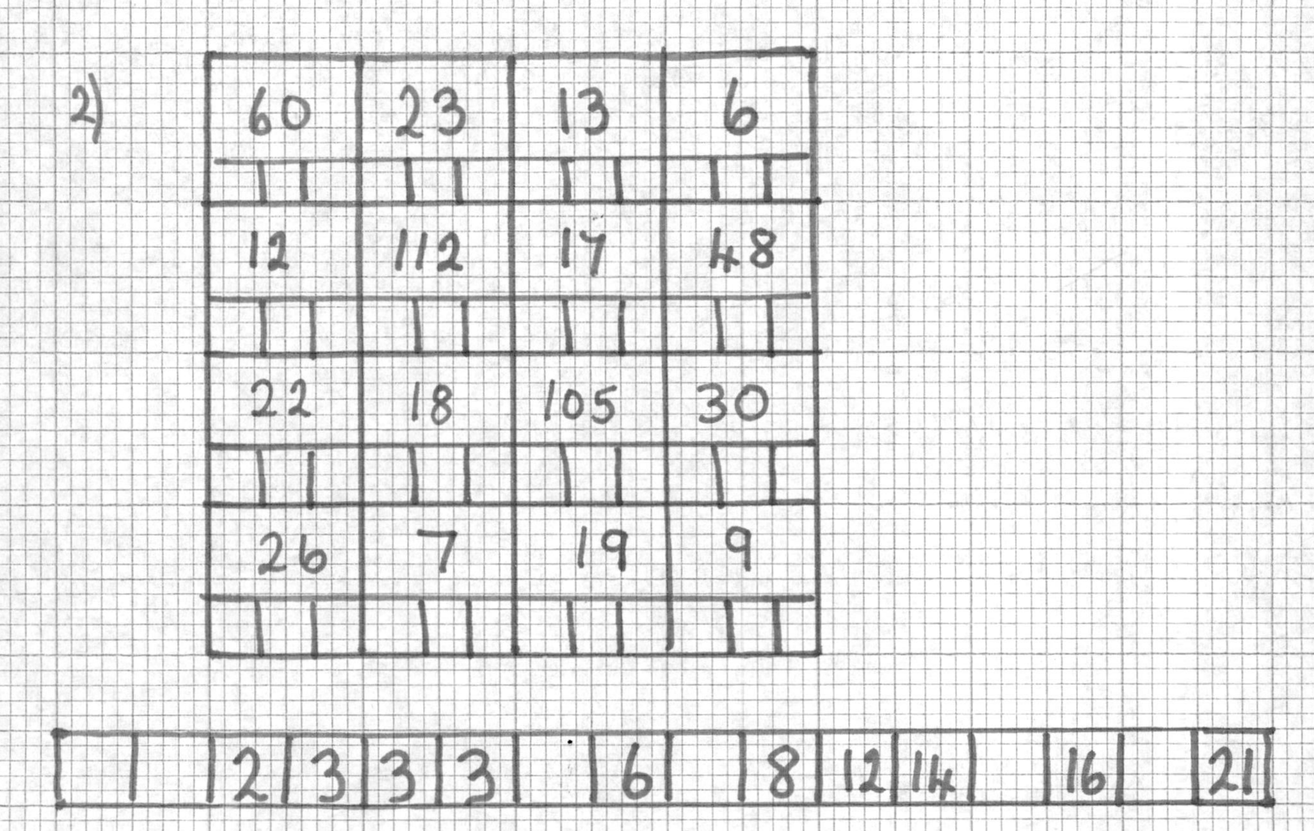

2)
60
23
13
6
12
112
17
48
22
18
105
30
26
7
19
9
2
3
3
3
6
8
12
14
16
21

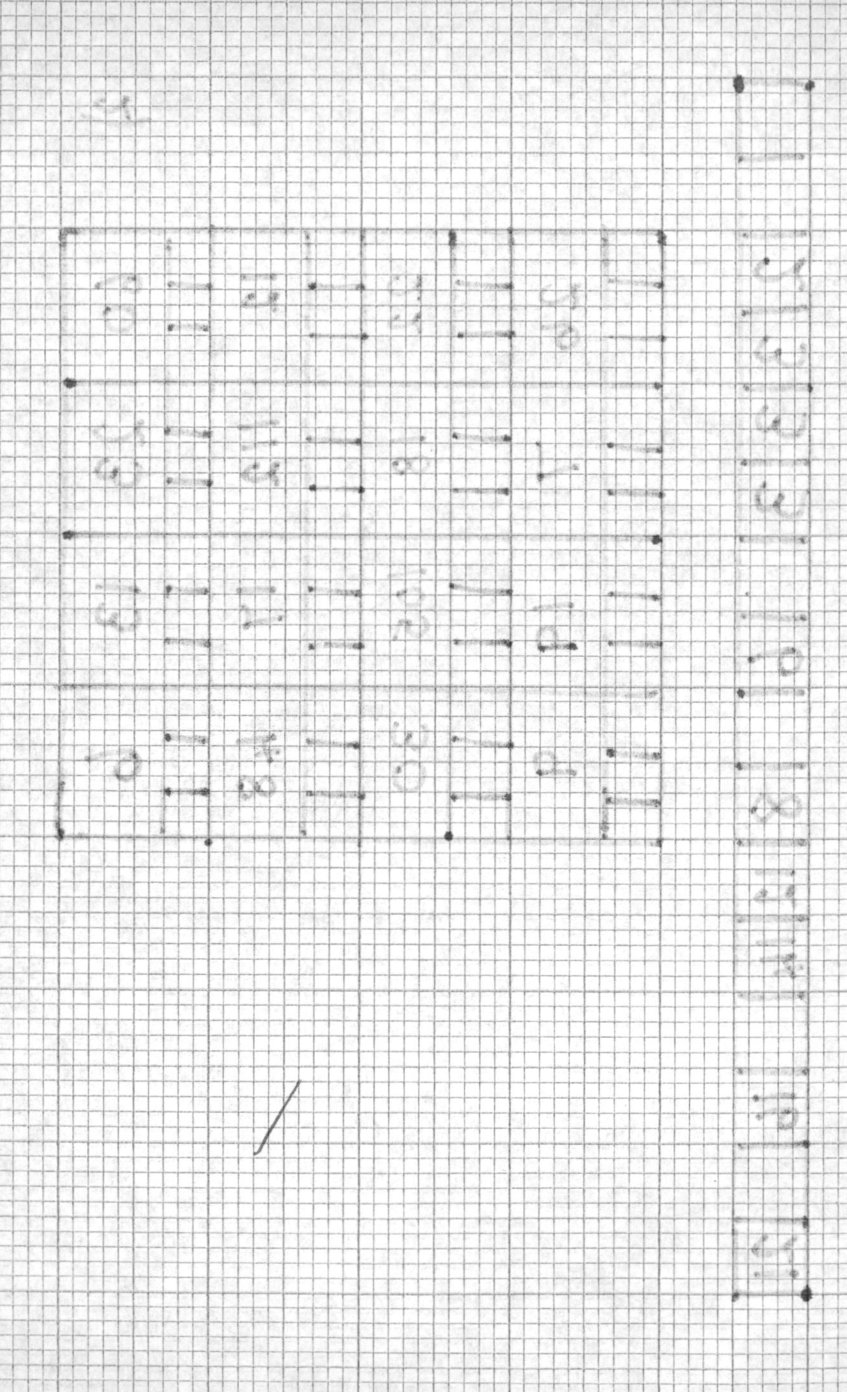

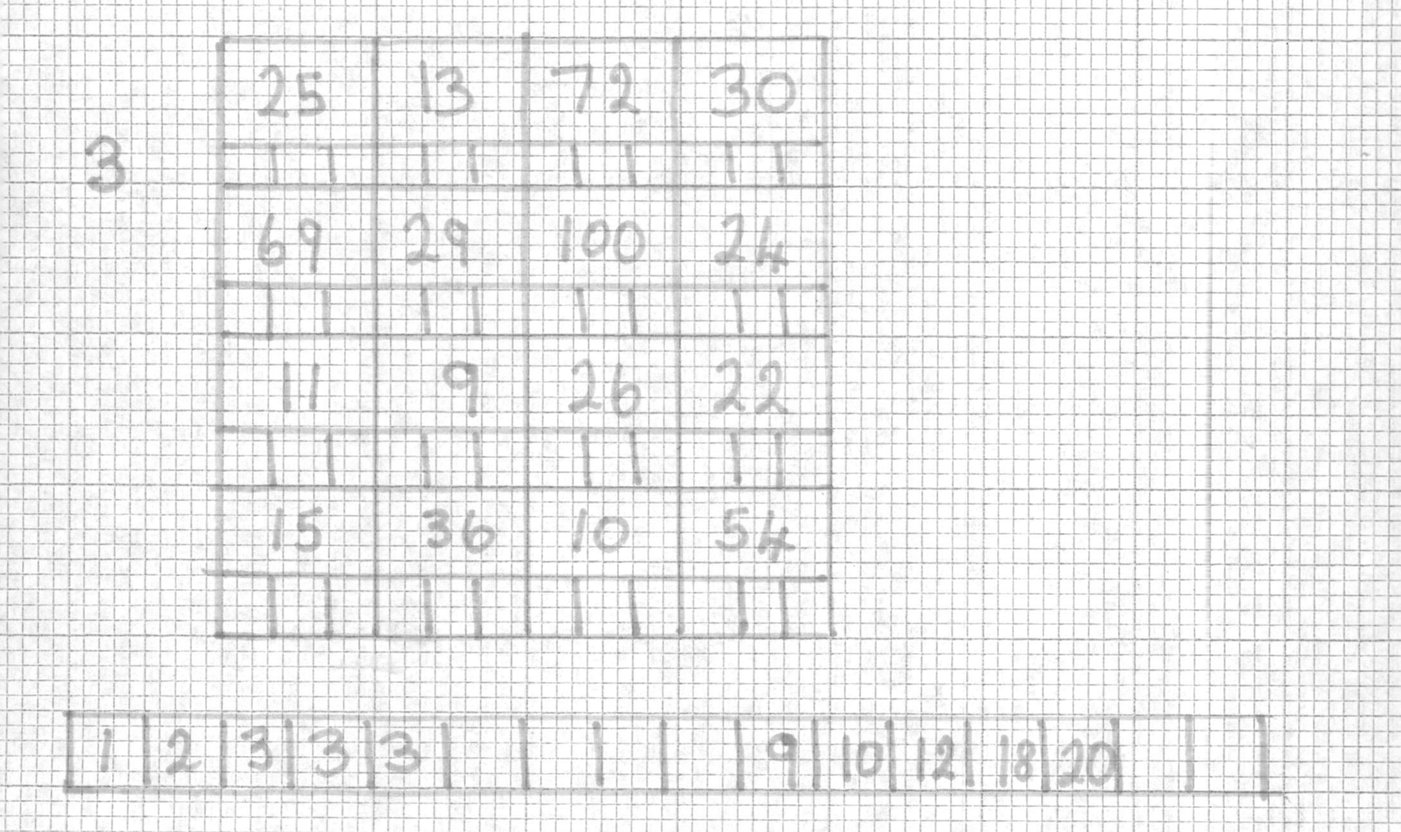
3
25 13 72 30
69 29 100 24
11 9 26 22
15 36 10 54
1 2 3 3 3 9 10 12 18 20

# Puzzles

# Easy Tetonor

**The Sunday Times Tetonor**

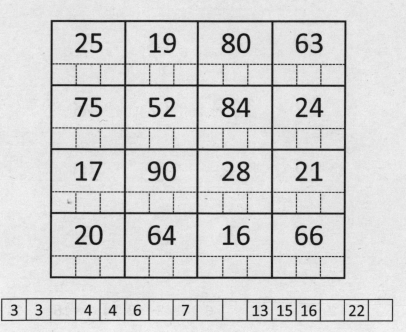

**1**

| 25 | 19 | 80 | 63 |
|---|---|---|---|
| 75 | 52 | 84 | 24 |
| 17 | 90 | 28 | 21 |
| 20 | 64 | 16 | 66 |

| 3 | 3 |  | 4 | 4 | 6 |  | 7 |  |  | 13 | 15 | 16 |  | 22 |  |
|---|---|---|---|---|---|---|---|---|---|---|---|---|---|---|---|

**Easy**

## 2

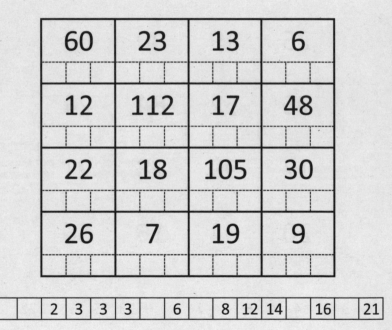

| 60 | 23 | 13 | 6 |
|---|---|---|---|
| 12 | 112 | 17 | 48 |
| 22 | 18 | 105 | 30 |
| 26 | 7 | 19 | 9 |

| | | 2 | 3 | 3 | 3 | | 6 | | 8 | 12 | 14 | | 16 | | 21 |
|---|---|---|---|---|---|---|---|---|---|---|---|---|---|---|---|

3

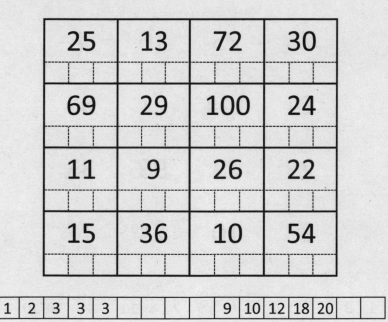

| 25 | 13 | 72 | 30 |
|---|---|---|---|
| 69 | 29 | 100 | 24 |
| 11 | 9 | 26 | 22 |
| 15 | 36 | 10 | 54 |

| 1 | 2 | 3 | 3 | 3 | | | | | 9 | 10 | 12 | 18 | 20 | | |
|---|---|---|---|---|---|---|---|---|---|---|---|---|---|---|---|

Easy

## 4

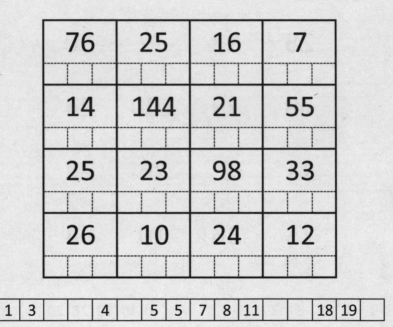

| | | | |
|---|---|---|---|
| 76 | 25 | 16 | 7 |
| 14 | 144 | 21 | 55 |
| 25 | 23 | 98 | 33 |
| 26 | 10 | 24 | 12 |

| | | | | | | | | | | | | | | | |
|---|---|---|---|---|---|---|---|---|---|---|---|---|---|---|---|
| 1 | 3 | | | 4 | | 5 | 5 | 7 | 8 | 11 | | | 18 | 19 | |

**5**

| | | | |
|---|---|---|---|
| 28 | 22 | 95 | 50 |
| 78 | 45 | 15 | 27 |
| 21 | 17 | 29 | 26 |
| 24 | 52 | 18 | 72 |

| | | | | | | | | | | | | | | | |
|---|---|---|---|---|---|---|---|---|---|---|---|---|---|---|---|
| 1 | | 2 | 2 | 3 | 3 | 5 | | 9 | | 15 | 19 | 21 | | | |

Easy

**6**

| 30 | 19 | 7 | 60 |
|---|---|---|---|
| 133 | 42 | 10 | 26 |
| 17 | 13 | 40 | 22 |
| 20 | 70 | 13 | 99 |

| 2 | 2 | 3 | 4 | | 6 | 7 | 7 | | 9 | | 10 | 11 | | | |
|---|---|---|---|---|---|---|---|---|---|---|---|---|---|---|---|

| | | | |
|---|---|---|---|
| 13 | 54 | 26 | 22 |
| 25 | 20 | 27 | 126 |
| 50 | 29 | 15 | 120 |
| 100 | 23 | 36 | 23 |

| | | | | | | | | | | | | | | | |
|---|---|---|---|---|---|---|---|---|---|---|---|---|---|---|---|
| | | 2 | 4 | 5 | | | 9 | | 10 | 10 | 15 | 18 | | 26 | 27 |

Easy

**8**

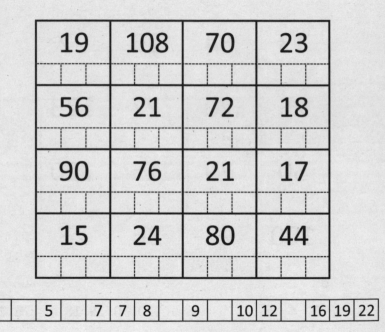

| 19 | 108 | 70 | 23 |
|---|---|---|---|
| 56 | 21 | 72 | 18 |
| 90 | 76 | 21 | 17 |
| 15 | 24 | 80 | 44 |

| | | 5 | | 7 | 7 | 8 | | 9 | | 10 | 12 | | 16 | 19 | 22 |
|---|---|---|---|---|---|---|---|---|---|---|---|---|---|---|---|

**9**

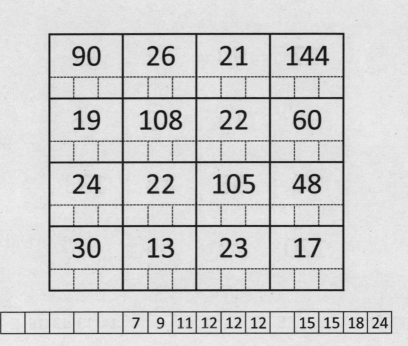

| | | | |
|---|---|---|---|
| 90 | 26 | 21 | 144 |
| 19 | 108 | 22 | 60 |
| 24 | 22 | 105 | 48 |
| 30 | 13 | 23 | 17 |

| | | | | | | | | | | | | | | | |
|---|---|---|---|---|---|---|---|---|---|---|---|---|---|---|---|
| | | | | | 7 | 9 | 11 | 12 | 12 | 12 | | 15 | 15 | 18 | 24 |

Easy

10

| | | | |
|---|---|---|---|
| 17 | 90 | 42 | 21 |
| 38 | 19 | 43 | 16 |
| 70 | 55 | 18 | 133 |
| 120 | 23 | 65 | 26 |

| | | | | | | | | | | | | | | | |
|---|---|---|---|---|---|---|---|---|---|---|---|---|---|---|---|
| 2 | 3 | | 5 | 5 | 5 | | 7 | | | | 14 | 18 | 19 | 19 | |

**11**

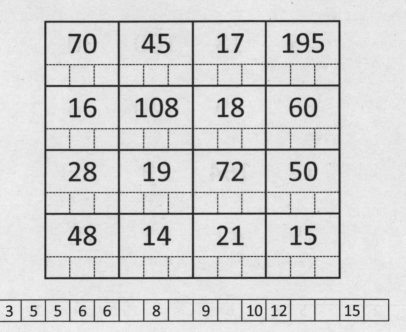

| 70 | 45 | 17 | 195 |
|---|---|---|---|
| 16 | 108 | 18 | 60 |
| 28 | 19 | 72 | 50 |
| 48 | 14 | 21 | 15 |

| 3 | 5 | 5 | 6 | 6 |  | 8 |  | 9 |  | 10 | 12 |  |  | 15 |  |
|---|---|---|---|---|---|---|---|---|---|---|---|---|---|---|---|

Easy

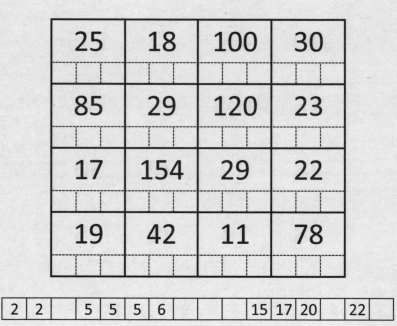

## 12

| | | | |
|---|---|---|---|
| 25 | 18 | 100 | 30 |
| 85 | 29 | 120 | 23 |
| 17 | 154 | 29 | 22 |
| 19 | 42 | 11 | 78 |

| | | | | | | | | | | | | | | | |
|---|---|---|---|---|---|---|---|---|---|---|---|---|---|---|---|
| 2 | 2 | | 5 | 5 | 5 | 6 | | | | 15 | 17 | 20 | | 22 | |

13

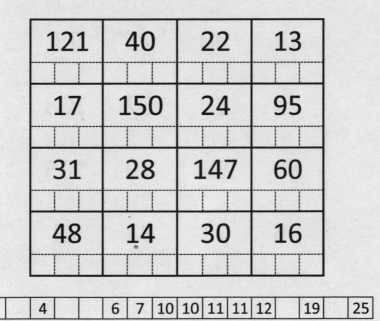

| | | | |
|---|---|---|---|
| 121 | 40 | 22 | 13 |
| 17 | 150 | 24 | 95 |
| 31 | 28 | 147 | 60 |
| 48 | 14 | 30 | 16 |

| | | | | | | | | | | | | | | | |
|---|---|---|---|---|---|---|---|---|---|---|---|---|---|---|---|
| | | 4 | | | 6 | 7 | 10 | 10 | 11 | 11 | 12 | | 19 | | 25 |

Easy

## 14

| | | | |
|---|---|---|---|
| 17 | 90 | 26 | 21 |
| 24 | 20 | 52 | 108 |
| 88 | 80 | 19 | 105 |
| 96 | 21 | 84 | 22 |

| | | | | | | | | | | | | | | | |
|---|---|---|---|---|---|---|---|---|---|---|---|---|---|---|---|
| | 4 | 5 | | | 7 | 7 | 8 | 12 | 12 | 13 | | | 16 | | 22 |

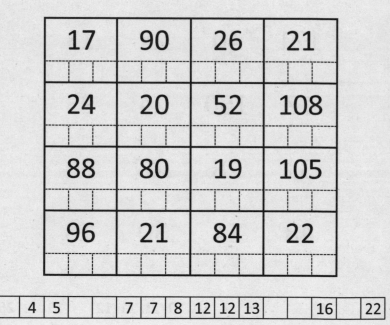

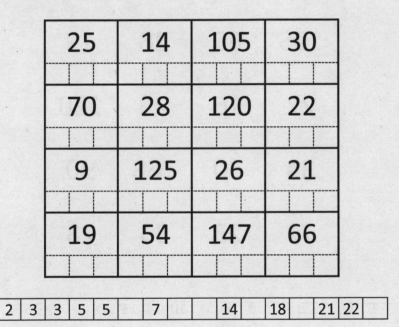

15

| | | | |
|---|---|---|---|
| 25 | 14 | 105 | 30 |
| 70 | 28 | 120 | 22 |
| 9 | 125 | 26 | 21 |
| 19 | 54 | 147 | 66 |

| | | | | | | | | | | | | | | | |
|---|---|---|---|---|---|---|---|---|---|---|---|---|---|---|---|
| 2 | 3 | 3 | 5 | 5 | | 7 | | | 14 | | 18 | | 21 | 22 | |

**16**

| | | | |
|---|---|---|---|
| 125 | 60 | 28 | 19 |
| 27 | 16 | 29 | 120 |
| 34 | 30 | 168 | 90 |
| 72 | 23 | 33 | 23 |

| | | | | | | | | | | | | | | | |
|---|---|---|---|---|---|---|---|---|---|---|---|---|---|---|---|
| 1 | 2 | | 3 | | 8 | 8 | | 10 | 14 | 15 | 20 | | | 25 | |

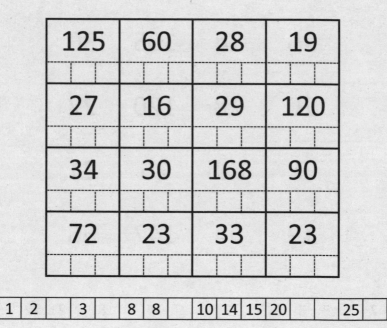

17

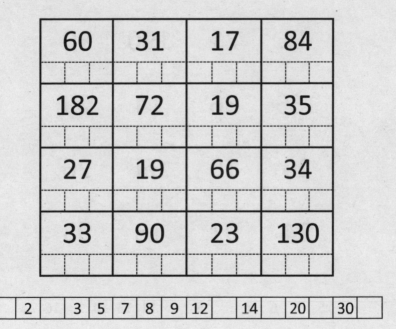

| 60 | 31 | 17 | 84 |
|---|---|---|---|
| 182 | 72 | 19 | 35 |
| 27 | 19 | 66 | 34 |
| 33 | 90 | 23 | 130 |

| | 2 | | 3 | 5 | 7 | 8 | 9 | 12 | | 14 | | 20 | | 30 | |
|---|---|---|---|---|---|---|---|---|---|---|---|---|---|---|---|

## 18

| | | | |
|---|---|---|---|
| 45 | 21 | 190 | 80 |
| 165 | 56 | 14 | 29 |
| 20 | 15 | 54 | 26 |
| 24 | 91 | 18 | 95 |

| | | | | | | | | | | | | | | | |
|---|---|---|---|---|---|---|---|---|---|---|---|---|---|---|---|
| | | 5 | 5 | 6 | 7 | | 9 | | 11 | 13 | 14 | 15 | 16 | | |

**19**

| | | | |
|---|---|---|---|
| 23 | 19 | 96 | 72 |
| 90 | 70 | 120 | 22 |
| 18 | 180 | 29 | 21 |
| 20 | 80 | 17 | 84 |

| | | | | | | | | | | | | | | | |
|---|---|---|---|---|---|---|---|---|---|---|---|---|---|---|---|
| | 6 | 6 | 6 | | | 8 | 9 | 9 | 10 | 14 | 14 | | | 16 | |

**Easy**

**20**

| 120 | 65 | 26 | 17 |
|---|---|---|---|
| 23 | 16 | 29 | 112 |
| 60 | 33 | 230 | 78 |
| 72 | 18 | 48 | 22 |

| | 4 | | 5 | 5 | 6 | 7 | 10 | 12 | 12 | | | 18 | | 23 | |
|---|---|---|---|---|---|---|---|---|---|---|---|---|---|---|---|

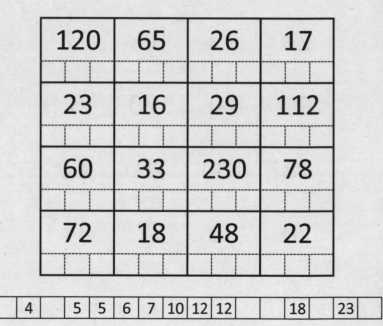

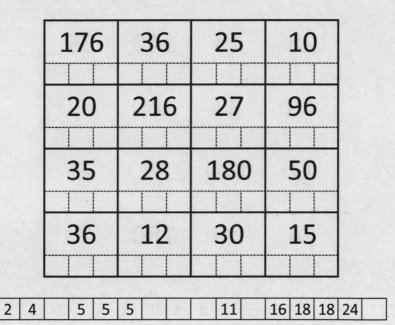

21

| 176 | 36 | 25 | 10 |
|---|---|---|---|
| 20 | 216 | 27 | 96 |
| 35 | 28 | 180 | 50 |
| 36 | 12 | 30 | 15 |

| 2 | 4 | | 5 | 5 | 5 | | | | 11 | | 16 | 18 | 18 | 24 | |
|---|---|---|---|---|---|---|---|---|---|---|---|---|---|---|---|

Easy

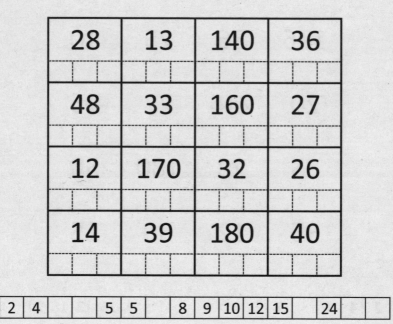

| 28 | 13 | 140 | 36 |
|---|---|---|---|
| 48 | 33 | 160 | 27 |
| 12 | 170 | 32 | 26 |
| 14 | 39 | 180 | 40 |

| 2 | 4 | | | 5 | 5 | | 8 | 9 | 10 | 12 | 15 | | 24 | | |
|---|---|---|---|---|---|---|---|---|---|---|---|---|---|---|---|

# 23

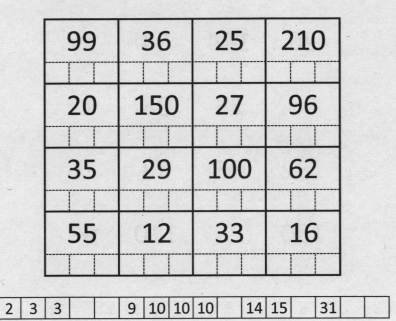

| | | | |
|---|---|---|---|
| 99 | 36 | 25 | 210 |
| 20 | 150 | 27 | 96 |
| 35 | 29 | 100 | 62 |
| 55 | 12 | 33 | 16 |

| | | | | | | | | | | | | | | | |
|---|---|---|---|---|---|---|---|---|---|---|---|---|---|---|---|
| 2 | 3 | 3 | | | 9 | 10 | 10 | 10 | | 14 | 15 | | 31 | | |

Easy

| | | | |
|---|---|---|---|
| 20 | 144 | 64 | 27 |
| 60 | 24 | 88 | 19 |
| 132 | 96 | 23 | 16 |
| 150 | 28 | 110 | 31 |

| | | | | | | | | | | | | | | | |
|---|---|---|---|---|---|---|---|---|---|---|---|---|---|---|---|
| 3 | | 6 | 6 | | | 8 | | 11 | 12 | 12 | 12 | | 22 | 22 | |

## 25

| | | | |
|---|---|---|---|
| 21 | 135 | 80 | 27 |
| 60 | 24 | 81 | 21 |
| 110 | 90 | 23 | 18 |
| 176 | 30 | 108 | 32 |

| | | | | | | | | | | | | | | | |
|---|---|---|---|---|---|---|---|---|---|---|---|---|---|---|---|
| | 3 | 5 | 8 | 9 | | 10 | 10 | | 11 | 12 | | | 18 | | 30 |

Easy

**26**

| | | | |
|---|---|---|---|
| 120 | 84 | 22 | 18 |
| 22 | 162 | 23 | 112 |
| 77 | 24 | 135 | 96 |
| 90 | 19 | 27 | 20 |

| | | | | | | | | | | | | | | | |
|---|---|---|---|---|---|---|---|---|---|---|---|---|---|---|---|
| | | 7 | 7 | | | 9 | 10 | 10 | 11 | 12 | 14 | | 16 | | 18 |

27

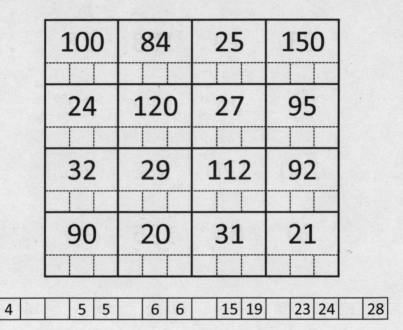

| 100 | 84 | 25 | 150 |
|---|---|---|---|
| 24 | 120 | 27 | 95 |
| 32 | 29 | 112 | 92 |
| 90 | 20 | 31 | 21 |

| 4 | | | 5 | 5 | | 6 | 6 | | 15 | 19 | | 23 | 24 | | 28 |
|---|---|---|---|---|---|---|---|---|---|---|---|---|---|---|---|

| | | | |
|---|---|---|---|
| 23 | 19 | 108 | 27 |
| 96 | 24 | 112 | 22 |
| 140 | 120 | 23 | 21 |
| 20 | 84 | 126 | 90 |

| | | | | | | | | | | | | | | | |
|---|---|---|---|---|---|---|---|---|---|---|---|---|---|---|---|
| 6 | 6 | | | 8 | 8 | 8 | | 12 | 12 | | 14 | 15 | | 18 | |

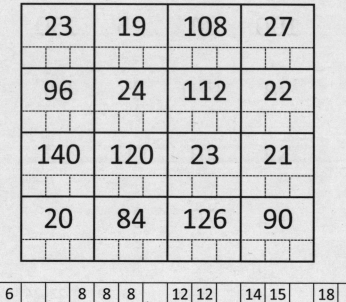

## 29

| | | | |
|---|---|---|---|
| 190 | 88 | 43 | 26 |
| 30 | 21 | 45 | 168 |
| 56 | 46 | 18 | 120 |
| 104 | 26 | 54 | 29 |

| | | | | | | | | | | | | | | | |
|---|---|---|---|---|---|---|---|---|---|---|---|---|---|---|---|
| 1 | 3 | | 4 | 4 | | 10 | | 14 | | 18 | 19 | 22 | | 40 | |

30

| 32 | 23 | 175 | 42 |
|---|---|---|---|
| | | | |
| 136 | 42 | 196 | 30 |
| | | | |
| 22 | 13 | 38 | 28 |
| | | | |
| 26 | 112 | 17 | 133 |
| | | | |

| 2 | | 3 | 4 | | 7 | 8 | 10 | | | 14 | 14 | | | 25 | 34 |
|---|---|---|---|---|---|---|---|---|---|---|---|---|---|---|---|

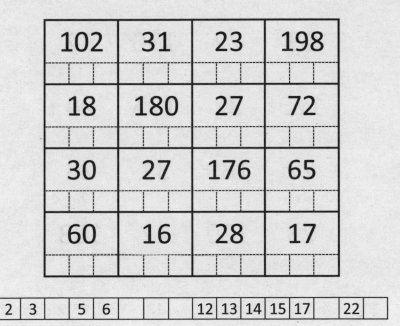

31

| 102 | 31 | 23 | 198 |
|---|---|---|---|
| 18 | 180 | 27 | 72 |
| 30 | 27 | 176 | 65 |
| 60 | 16 | 28 | 17 |

| 2 | 3 |  | 5 | 6 |  |  |  | 12 | 13 | 14 | 15 | 17 |  | 22 |  |
|---|---|---|---|---|---|---|---|---|---|---|---|---|---|---|---|

Easy

# 32

| | | | |
|---|---|---|---|
| 29 | 22 | 130 | 34 |
| 120 | 32 | 175 | 24 |
| 22 | 189 | 31 | 23 |
| 23 | 100 | 21 | 108 |

| | | | | | | | | | | | | | | | |
|---|---|---|---|---|---|---|---|---|---|---|---|---|---|---|---|
| 1 | | 4 | | 6 | 7 | 7 | | | 18 | | 22 | 25 | 25 | | 27 |

33

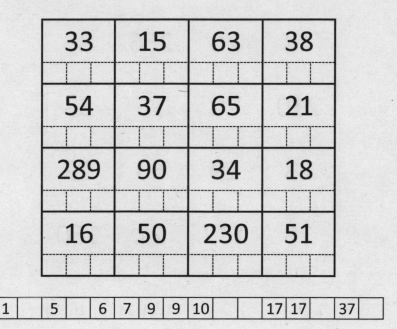

| | | | |
|---|---|---|---|
| 33 | 15 | 63 | 38 |
| 54 | 37 | 65 | 21 |
| 289 | 90 | 34 | 18 |
| 16 | 50 | 230 | 51 |

| | | | | | | | | | | | | | | | |
|---|---|---|---|---|---|---|---|---|---|---|---|---|---|---|---|
| 1 | | 5 | | 6 | 7 | 9 | 9 | 10 | | | 17 | 17 | | 37 | |

Easy

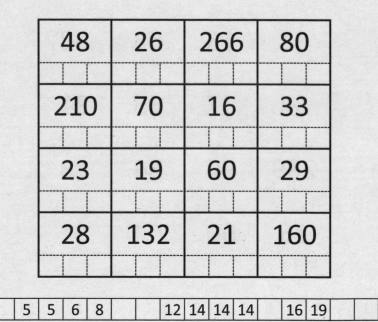

## 34

| | | | |
|---|---|---|---|
| 48 | 26 | 266 | 80 |
| 210 | 70 | 16 | 33 |
| 23 | 19 | 60 | 29 |
| 28 | 132 | 21 | 160 |

| | | | | | | | | | | | | | | | |
|---|---|---|---|---|---|---|---|---|---|---|---|---|---|---|---|
| | 5 | 5 | 6 | 8 | | | 12 | 14 | 14 | 14 | | 16 | 19 | | |

35

| | | | |
|---|---|---|---|
| 88 | 26 | 19 | 135 |
| 160 | 132 | 23 | 84 |
| 25 | 24 | 126 | 32 |
| 28 | 144 | 25 | 156 |

| | | | | | | | | | | | | | | | |
|---|---|---|---|---|---|---|---|---|---|---|---|---|---|---|---|
| | 6 | 7 | 7 | 8 | 9 | 9 | 11 | | | | | 18 | 20 | | 26 |

Easy

36

| | | | |
|---|---|---|---|
| 28 | 18 | 160 | 32 |
| 138 | 31 | 168 | 27 |
| 12 | 180 | 29 | 26 |
| 20 | 72 | 220 | 91 |

| | | | | | | | | | | | | | | | |
|---|---|---|---|---|---|---|---|---|---|---|---|---|---|---|---|
| | 6 | 6 | 7 | 8 | 8 | | 12 | 12 | | 13 | 14 | | | 20 | |

37

| 189 | 36 | 26 | 232 |
|---|---|---|---|
| 21 | 230 | 30 | 84 |
| 35 | 33 | 224 | 69 |
| 37 | 10 | 34 | 19 |

| | 3 | 3 | 7 | 7 | | 8 | | 12 | 14 | 16 | | 23 | | 29 | |
|---|---|---|---|---|---|---|---|---|---|---|---|---|---|---|---|

Easy

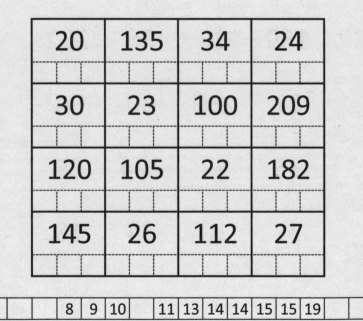

# 38

| | | | |
|---|---|---|---|
| 20 | 135 | 34 | 24 |
| 30 | 23 | 100 | 209 |
| 120 | 105 | 22 | 182 |
| 145 | 26 | 112 | 27 |

| | | | | | | | | | | | | | | | |
|---|---|---|---|---|---|---|---|---|---|---|---|---|---|---|---|
| | | | 8 | 9 | 10 | | 11 | 13 | 14 | 14 | 15 | 15 | 19 | | |

**39**

| | | | |
|---|---|---|---|
| 132 | 92 | 42 | 27 |
| 39 | 180 | 46 | 129 |
| 74 | 48 | 176 | 117 |
| 112 | 28 | 49 | 32 |

| | | | | | | | | | | | | | | | |
|---|---|---|---|---|---|---|---|---|---|---|---|---|---|---|---|
| 2 | 2 | 3 | 3 | 4 | | 6 | | | | 28 | 37 | 39 | 43 | | |

Easy

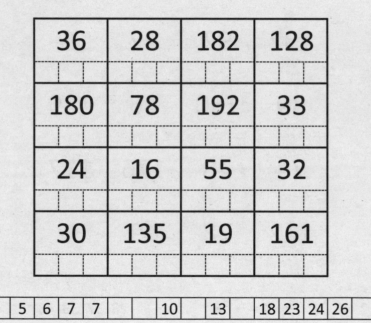

| | | | |
|---|---|---|---|
| 36 | 28 | 182 | 128 |
| 180 | 78 | 192 | 33 |
| 24 | 16 | 55 | 32 |
| 30 | 135 | 19 | 161 |

| | | | | | | | | | | | | | | | |
|---|---|---|---|---|---|---|---|---|---|---|---|---|---|---|---|
| | 5 | 6 | 7 | 7 | | | 10 | | 13 | | 18 | 23 | 24 | 26 | |

**41**

| | | | |
|---|---|---|---|
| 84 | 35 | 20 | 182 |
| 19 | 170 | 27 | 78 |
| 33 | 28 | 96 | 75 |
| 39 | 198 | 29 | 216 |

| | | | | | | | | | | | | | | | |
|---|---|---|---|---|---|---|---|---|---|---|---|---|---|---|---|
| | | | 6 | 7 | 7 | 8 | 10 | 12 | | 17 | 24 | | 26 | 27 | |

Easy

## 42

| | | | |
|---|---|---|---|
| 60 | 32 | 276 | 110 |
| 231 | 76 | 17 | 52 |
| 29 | 21 | 66 | 40 |
| 35 | 138 | 23 | 192 |

| | | | | | | | | | | | | | | | |
|---|---|---|---|---|---|---|---|---|---|---|---|---|---|---|---|
| | 4 | | 6 | 6 | | 8 | 10 | 11 | 12 | 19 | 23 | 24 | | | |

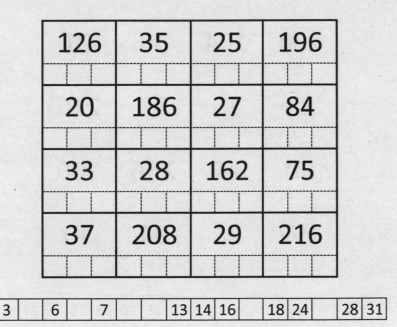

43

| | | | |
|---|---|---|---|
| 126 | 35 | 25 | 196 |
| 20 | 186 | 27 | 84 |
| 33 | 28 | 162 | 75 |
| 37 | 208 | 29 | 216 |

| | | | | | | | | | | | | | | | |
|---|---|---|---|---|---|---|---|---|---|---|---|---|---|---|---|
| 3 | | 6 | | 7 | | | 13 | 14 | 16 | | 18 | 24 | | 28 | 31 |

Easy

| 234 | 104 | 33 | 21 |
|---|---|---|---|
| 31 | 19 | 35 | 216 |
| 90 | 40 | 256 | 200 |
| 192 | 28 | 84 | 30 |

| | 6 | | 8 | 8 | | | | 13 | 15 | 16 | 18 | 25 | 26 | 27 | |
|---|---|---|---|---|---|---|---|---|---|---|---|---|---|---|---|

## 45

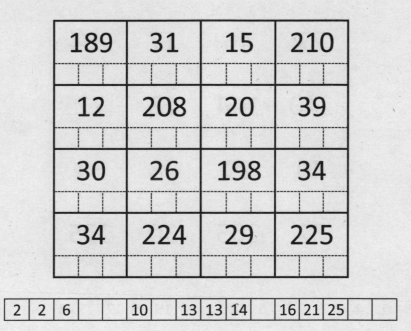

| | | | |
|---|---|---|---|
| 189 | 31 | 15 | 210 |
| 12 | 208 | 20 | 39 |
| 30 | 26 | 198 | 34 |
| 34 | 224 | 29 | 225 |

| | | | | | | | | | | | | | | | |
|---|---|---|---|---|---|---|---|---|---|---|---|---|---|---|---|
| 2 | 2 | 6 | | | 10 | | 13 | 13 | 14 | | 16 | 21 | 25 | | |

**Easy**

## 46

| | | | |
|---|---|---|---|
| 77 | 46 | 17 | 204 |
| 240 | 144 | 18 | 72 |
| 40 | 29 | 78 | 53 |
| 52 | 205 | 30 | 225 |

| | | | | | | | | | | | | | | | |
|---|---|---|---|---|---|---|---|---|---|---|---|---|---|---|---|
| 1 | 4 | | | 5 | 6 | 12 | | 13 | 15 | 15 | 17 | | 41 | | |

## 47

| 120 | 29 | 20 | 168 |
|---|---|---|---|
| 240 | 160 | 23 | 91 |
| 28 | 26 | 132 | 32 |
| 31 | 198 | 26 | 220 |

| | | 8 | 10 | 10 | 11 | 12 | 13 | 14 | | | 16 | 16 | | | 22 |
|---|---|---|---|---|---|---|---|---|---|---|---|---|---|---|---|

Easy

## 48

| 111 | 40 | 27 | 162 |
|---|---|---|---|
| 252 | 140 | 27 | 92 |
| 33 | 32 | 135 | 49 |
| 48 | 180 | 33 | 220 |

| 3 | | 4 | | 5 | 9 | 10 | 12 | | | 22 | 23 | 28 | 37 | | |
|---|---|---|---|---|---|---|---|---|---|---|---|---|---|---|---|

## 49

| | | | |
|---|---|---|---|
| 32 | 18 | 171 | 45 |
| 154 | 36 | 189 | 30 |
| 273 | 247 | 34 | 28 |
| 25 | 46 | 260 | 56 |

| | | | | | | | | | | | | | | | |
|---|---|---|---|---|---|---|---|---|---|---|---|---|---|---|---|
| 2 | 3 | | 7 | 9 | | 11 | 13 | 14 | 15 | 19 | | | | 28 | |

Easy

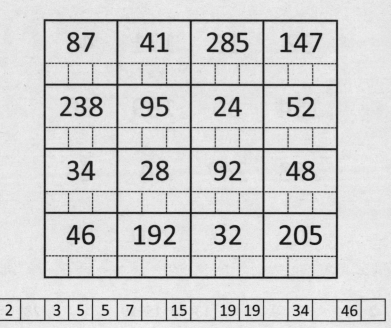

# 50

| | | | |
|---|---|---|---|
| 87 | 41 | 285 | 147 |
| 238 | 95 | 24 | 52 |
| 34 | 28 | 92 | 48 |
| 46 | 192 | 32 | 205 |

| | | | | | | | | | | | | | | | |
|---|---|---|---|---|---|---|---|---|---|---|---|---|---|---|---|
| 2 | | 3 | 5 | 5 | 7 | | 15 | | 19 | 19 | | 34 | | 46 | |

| 55 | 42 | 250 | 99 |
|---|---|---|---|
| 210 | 84 | 294 | 49 |
| 40 | 35 | 76 | 47 |
| 44 | 138 | 36 | 185 |

| 2 | 2 | 3 | | | 5 | 5 | | | 33 | 37 | 38 | | 42 | 46 | |
|---|---|---|---|---|---|---|---|---|---|---|---|---|---|---|---|

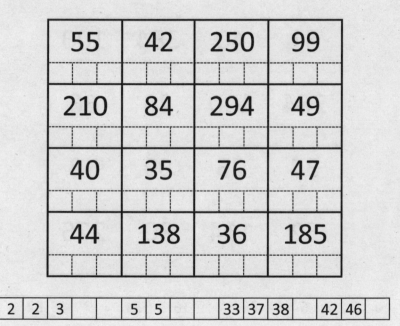

# 52

| | | | |
|---|---|---|---|
| 81 | 40 | 384 | 100 |
| 364 | 100 | 20 | 66 |
| 35 | 25 | 99 | 59 |
| 52 | 114 | 30 | 276 |

| | | | | | | | | | | | | | | | |
|---|---|---|---|---|---|---|---|---|---|---|---|---|---|---|---|
| 1 | 2 | 3 | 6 | 6 | 7 | | | 16 | | 24 | | | 46 | 52 | |

**53**

| | | | |
|---|---|---|---|
| 37 | 28 | 252 | 136 |
| 196 | 108 | 266 | 35 |
| 25 | 286 | 45 | 34 |
| 32 | 189 | 21 | 192 |

| | | | | | | | | | | | | | | | |
|---|---|---|---|---|---|---|---|---|---|---|---|---|---|---|---|
| | | 7 | 8 | 9 | 11 | 12 | | 14 | | 17 | 18 | | 27 | 28 | |

Easy

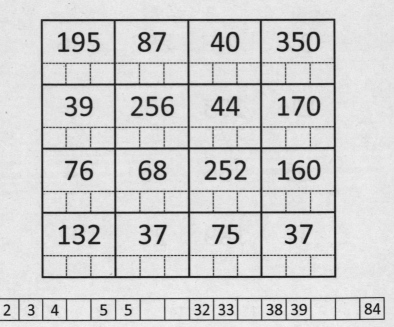

# 54

| 195 | 87 | 40 | 350 |
|---|---|---|---|
| 39 | 256 | 44 | 170 |
| 76 | 68 | 252 | 160 |
| 132 | 37 | 75 | 37 |

| 2 | 3 | 4 |  | 5 | 5 |  |  | 32 | 33 |  | 38 | 39 |  |  | 84 |
|---|---|---|---|---|---|---|---|---|---|---|---|---|---|---|---|

55

| 144 | 44 | 24 | 240 |
|---|---|---|---|
| 22 | 216 | 26 | 117 |
| 41 | 30 | 160 | 108 |
| 56 | 384 | 34 | 400 |

| | 6 | | 8 | 9 | 10 | 12 | | | 18 | 18 | 18 | 24 | 25 | | |
|---|---|---|---|---|---|---|---|---|---|---|---|---|---|---|---|

Easy

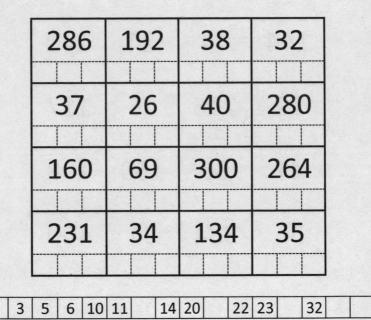

| | | | |
|---|---|---|---|
| 286 | 192 | 38 | 32 |
| 37 | 26 | 40 | 280 |
| 160 | 69 | 300 | 264 |
| 231 | 34 | 134 | 35 |

| | | | | | | | | | | | | | | | |
|---|---|---|---|---|---|---|---|---|---|---|---|---|---|---|---|
| | 3 | 5 | 6 | 10 | 11 | | 14 | 20 | | 22 | 23 | | 32 | | |

57

| 224 | 35 | 30 | 252 |
|---|---|---|---|
| 288 | 240 | 31 | 189 |
| 34 | 32 | 234 | 36 |
| 36 | 260 | 33 | 264 |

| 8 | 9 | 9 | 12 | 12 | | | | 16 | 18 | | 21 | | 24 | 26 | |
|---|---|---|---|---|---|---|---|---|---|---|---|---|---|---|---|

Easy

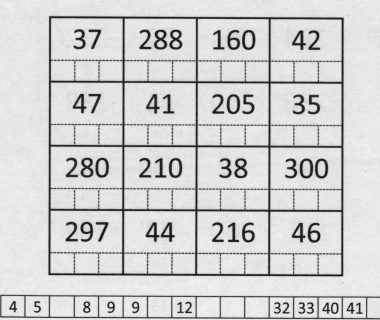

58

| | | | |
|---|---|---|---|
| 37 | 288 | 160 | 42 |
| 47 | 41 | 205 | 35 |
| 280 | 210 | 38 | 300 |
| 297 | 44 | 216 | 46 |

| | | | | | | | | | | | | | | | |
|---|---|---|---|---|---|---|---|---|---|---|---|---|---|---|---|
| 4 | 5 | | 8 | 9 | 9 | | 12 | | | | 32 | 33 | 40 | 41 | |

| | | | |
|---|---|---|---|
| 282 | 216 | 39 | 30 |
| 36 | 299 | 42 | 248 |
| 200 | 45 | 297 | 234 |
| 221 | 33 | 53 | 35 |

| | | | | | | | | | | | | | | | |
|---|---|---|---|---|---|---|---|---|---|---|---|---|---|---|---|
| | 6 | 8 | 9 | 9 | | 13 | 13 | 17 | 23 | | | 31 | 33 | | |

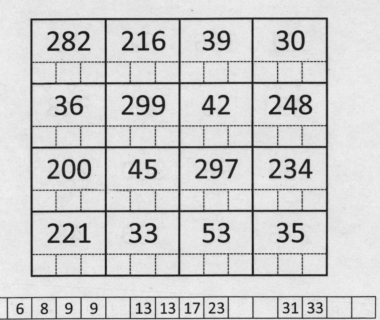

Easy

| | | | |
|---|---|---|---|
| 351 | 196 | 52 | 35 |
| 49 | 28 | 53 | 318 |
| 192 | 96 | 360 | 294 |
| 276 | 38 | 109 | 48 |

| | | | | | | | | | | | | | | | |
|---|---|---|---|---|---|---|---|---|---|---|---|---|---|---|---|
| 3 | 4 | 4 | 6 | | 9 | | | | 24 | 32 | 39 | | 46 | 49 | |

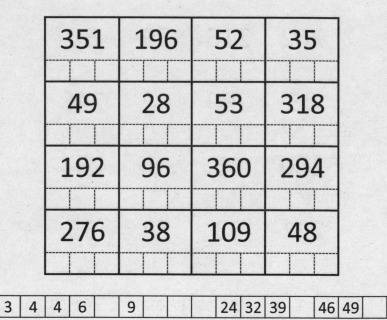

# Moderate Tetonor

**The Sunday Times Tetonor**

| | | | |
|---|---|---|---|
| 24 | 15 | 10 | 45 |
| 8 | 40 | 12 | 20 |
| 14 | 13 | 36 | 18 |
| 16 | 56 | 14 | 84 |

| 2 | 2 | 2 | | | 4 | 6 | 6 | | | | | | 12 | 14 | |
|---|---|---|---|---|---|---|---|---|---|---|---|---|---|---|---|

62

| 13 | 8 | 30 | 18 |
|---|---|---|---|
| 23 | 18 | 32 | 12 |
| 112 | 42 | 15 | 11 |
| 9 | 20 | 72 | 22 |

| | 2 | | 3 | | 4 | | | | 8 | | 9 | 10 | 12 | | 21 |
|---|---|---|---|---|---|---|---|---|---|---|---|---|---|---|---|

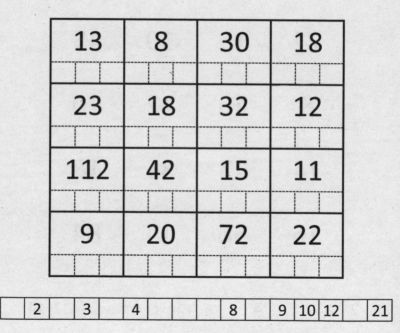

63

| 21 | 15 | 80 | 45 |
|---|---|---|---|
| 72 | 24 | 6 | 20 |
| 14 | 8 | 21 | 17 |
| 16 | 54 | 9 | 63 |

| 1 |  | 3 | 3 |  | 4 |  | 5 |  |  | 9 | 9 |  |  | 18 |  |
|---|---|---|---|---|---|---|---|---|---|---|---|---|---|---|---|

Moderate

64

| 64 | 30 | 16 | 13 |
|---|---|---|---|
| 15 | 96 | 16 | 48 |
| 22 | 17 | 72 | 42 |
| 40 | 13 | 20 | 14 |

| | | | | 4 | | 6 | | 8 | 9 | 10 | 10 | 12 | | 16 | |
|---|---|---|---|---|---|---|---|---|---|---|---|---|---|---|---|

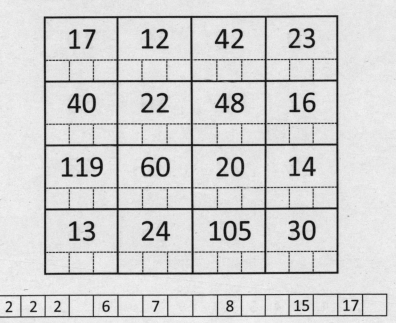

# 65

| | | | |
|---|---|---|---|
| 17 | 12 | 42 | 23 |
| 40 | 22 | 48 | 16 |
| 119 | 60 | 20 | 14 |
| 13 | 24 | 105 | 30 |

| | | | | | | | | | | | | | | | |
|---|---|---|---|---|---|---|---|---|---|---|---|---|---|---|---|
| 2 | 2 | 2 | | 6 | | 7 | | | 8 | | | 15 | | 17 | |

Moderate

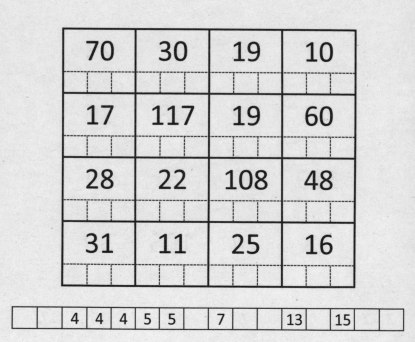

66

| | | | |
|---|---|---|---|
| 70 | 30 | 19 | 10 |
| 17 | 117 | 19 | 60 |
| 28 | 22 | 108 | 48 |
| 31 | 11 | 25 | 16 |

| | | | | | | | | | | | | | | | |
|---|---|---|---|---|---|---|---|---|---|---|---|---|---|---|---|
| | | 4 | 4 | 4 | 5 | 5 | | 7 | | | 13 | | 15 | | |

## 67

| | | | |
|---|---|---|---|
| 16 | 112 | 27 | 23 |
| 25 | 21 | 63 | 16 |
| 108 | 64 | 20 | 12 |
| 10 | 24 | 100 | 24 |

| | | | | | | | | | | | | | | | |
|---|---|---|---|---|---|---|---|---|---|---|---|---|---|---|---|
| 1 | 2 | | | 7 | | 8 | | 9 | 9 | | 10 | | | 21 | |

**Moderate**

| | | | |
|---|---|---|---|
| 12 | 100 | 27 | 22 |
| 26 | 15 | 29 | 11 |
| 72 | 36 | 13 | 126 |
| 120 | 23 | 42 | 25 |

| | | | | | | | | | | | | | | | |
|---|---|---|---|---|---|---|---|---|---|---|---|---|---|---|---|
| | | 3 | 4 | | 5 | 6 | | 9 | | | 14 | 18 | | | 26 |

**69**

| | | | |
|---|---|---|---|
| 66 | 42 | 23 | 13 |
| 17 | 144 | 24 | 60 |
| 36 | 25 | 126 | 48 |
| 44 | 15 | 26 | 16 |

| | | | | | | | | | | | | | | | |
|---|---|---|---|---|---|---|---|---|---|---|---|---|---|---|---|
| | 3 | 3 | | 6 | | | 7 | 8 | | 12 | | | 18 | 20 | |

**Moderate**

| | | | |
|---|---|---|---|
| 10 | 58 | 30 | 18 |
| 27 | 14 | 31 | 176 |
| 56 | 40 | 11 | 100 |
| 72 | 20 | 45 | 22 |

| | | | | | | | | | | | | | | | |
|---|---|---|---|---|---|---|---|---|---|---|---|---|---|---|---|
| | 2 | 2 | 3 | 4 | 4 | | | 10 | 10 | | | | | | 29 |

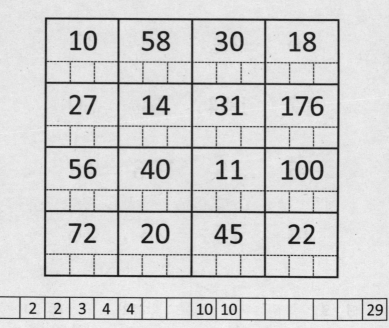

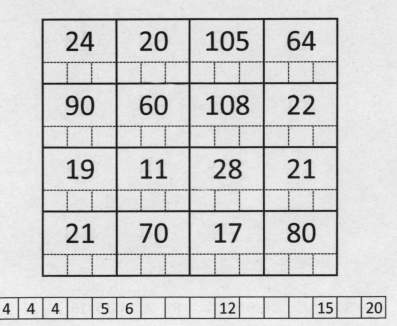

71

| | | | |
|---|---|---|---|
| 24 | 20 | 105 | 64 |
| 90 | 60 | 108 | 22 |
| 19 | 11 | 28 | 21 |
| 21 | 70 | 17 | 80 |

| | | | | | | | | | | | | | | | |
|---|---|---|---|---|---|---|---|---|---|---|---|---|---|---|---|
| 4 | 4 | 4 | | 5 | 6 | | | | 12 | | | | 15 | | 20 |

Moderate

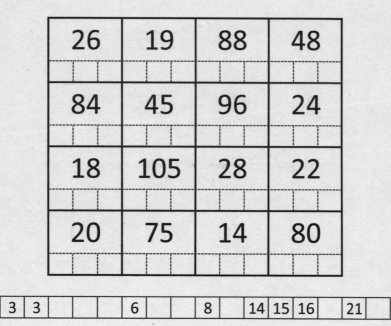

72

| 26 | 19 | 88 | 48 |
|---|---|---|---|
| 84 | 45 | 96 | 24 |
| 18 | 105 | 28 | 22 |
| 20 | 75 | 14 | 80 |

| 3 | 3 | | | | 6 | | | 8 | | 14 | 15 | 16 | | 21 | |
|---|---|---|---|---|---|---|---|---|---|---|---|---|---|---|---|

73

| 135 | 66 | 25 | 192 |
|---|---|---|---|
| 24 | 182 | 27 | 126 |
| 33 | 28 | 140 | 96 |
| 72 | 17 | 32 | 22 |

| 4 | | | 6 | 7 | | 9 | | | 14 | 15 | | | 24 | 24 | |
|---|---|---|---|---|---|---|---|---|---|---|---|---|---|---|---|

Moderate

| 92 | 36 | 25 | 12 |
|---|---|---|---|
| 20 | 156 | 27 | 84 |
| 32 | 30 | 150 | 56 |
| 54 | 15 | 31 | 18 |

| 2 | | 4 | | 6 | 6 | | | | 12 | | 14 | | 23 | | 28 |
|---|---|---|---|---|---|---|---|---|---|---|---|---|---|---|---|

## 75

| | | | |
|---|---|---|---|
| 23 | 126 | 80 | 35 |
| 45 | 25 | 90 | 22 |
| 112 | 96 | 24 | 21 |
| 20 | 36 | 100 | 44 |

| | | | | | | | | | | | | | | | |
|---|---|---|---|---|---|---|---|---|---|---|---|---|---|---|---|
| | | | 3 | | 5 | 5 | | | 16 | 18 | | 20 | 22 | 32 | |

**Moderate**

| 60 | 28 | 21 | 120 |
|---|---|---|---|
| 16 | 108 | 23 | 54 |
| 26 | 23 | 63 | 48 |
| 29 | 132 | 24 | 160 |

| | 3 | 3 | 5 | | | | 9 | | 12 | | | 20 | 20 | | 24 |
|---|---|---|---|---|---|---|---|---|---|---|---|---|---|---|---|

77

| 112 | 50 | 24 | 15 |
|---|---|---|---|
| 23 | 140 | 25 | 110 |
| 36 | 27 | 136 | 108 |
| 84 | 20 | 31 | 21 |

| | | | 6 | 7 | 7 | 8 | | | | 16 | 17 | 18 | | 20 | |
|---|---|---|---|---|---|---|---|---|---|---|---|---|---|---|---|

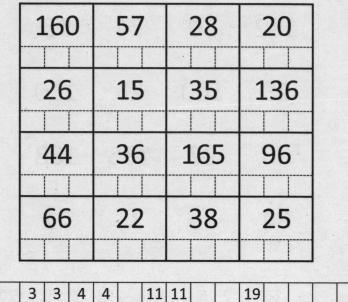

## 78

| | | | |
|---|---|---|---|
| 160 | 57 | 28 | 20 |
| 26 | 15 | 35 | 136 |
| 44 | 36 | 165 | 96 |
| 66 | 22 | 38 | 25 |

| | | | | | | | | | | | | | | | |
|---|---|---|---|---|---|---|---|---|---|---|---|---|---|---|---|
| 2 | | 3 | 3 | 4 | 4 | | 11 | 11 | | | 19 | | | | |

**79**

| | | | |
|---|---|---|---|
| 84 | 51 | 22 | 240 |
| 20 | 120 | 23 | 72 |
| 32 | 25 | 105 | 66 |
| 60 | 17 | 26 | 19 |

| | | | | | | | | | | | | | | | |
|---|---|---|---|---|---|---|---|---|---|---|---|---|---|---|---|
| | 3 | 4 | 5 | | | | | 12 | 12 | | 17 | 18 | 20 | | |

**Moderate**

| | | | |
|---|---|---|---|
| 98 | 60 | 23 | 182 |
| 21 | 144 | 23 | 90 |
| 33 | 24 | 126 | 72 |
| 64 | 16 | 27 | 17 |

| 3 | | 7 | | 8 | 8 | | 9 | 12 | 12 | | | | 14 | | |
|---|---|---|---|---|---|---|---|---|---|---|---|---|---|---|---|

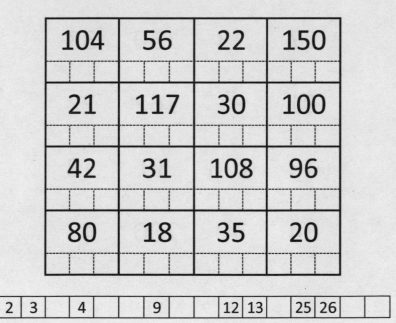

**81**

| | | | |
|---|---|---|---|
| 104 | 56 | 22 | 150 |
| 21 | 117 | 30 | 100 |
| 42 | 31 | 108 | 96 |
| 80 | 18 | 35 | 20 |

| | | | | | | | | | | | | | | | |
|---|---|---|---|---|---|---|---|---|---|---|---|---|---|---|---|
| 2 | 3 | | 4 | | | 9 | | | 12 | 13 | | 25 | 26 | | |

**Moderate**

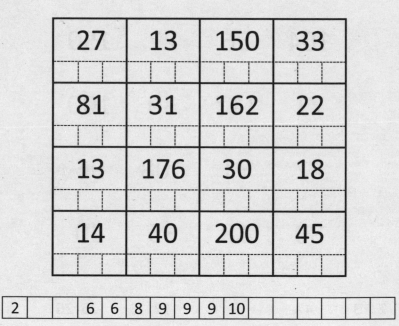

| | | | |
|---|---|---|---|
| 27 | 13 | 150 | 33 |
| 81 | 31 | 162 | 22 |
| 13 | 176 | 30 | 18 |
| 14 | 40 | 200 | 45 |

| | | | | | | | | | | | | | | | |
|---|---|---|---|---|---|---|---|---|---|---|---|---|---|---|---|
| 2 | | | 6 | 6 | 8 | 9 | 9 | 9 | 10 | | | | | | |

| | | | |
|---|---|---|---|
| 95 | 27 | 20 | 126 |
| 19 | 110 | 21 | 90 |
| 27 | 24 | 100 | 84 |
| 33 | 140 | 25 | 162 |

| | | | | | | | | | | | | | | | |
|---|---|---|---|---|---|---|---|---|---|---|---|---|---|---|---|
| | | 5 | 6 | | | | 10 | 10 | 11 | | | 19 | 20 | | 28 |

Moderate

| | | | |
|---|---|---|---|
| 30 | 20 | 207 | 64 |
| 165 | 42 | 11 | 28 |
| 17 | 13 | 32 | 26 |
| 25 | 66 | 16 | 100 |

| | | | | | | | | | | | | | | | |
|---|---|---|---|---|---|---|---|---|---|---|---|---|---|---|---|
| | 4 | 5 | | 6 | 6 | | | | | 11 | 14 | | 16 | 20 | |

85

| | | | |
|---|---|---|---|
| 20 | 105 | 38 | 26 |
| 38 | 25 | 54 | 168 |
| 99 | 68 | 21 | 165 |
| 136 | 29 | 84 | 36 |

| | | | | | | | | | | | | | | | |
|---|---|---|---|---|---|---|---|---|---|---|---|---|---|---|---|
| | 3 | 3 | 4 | | 6 | | | 14 | | 17 | | 27 | | | 35 |

Moderate

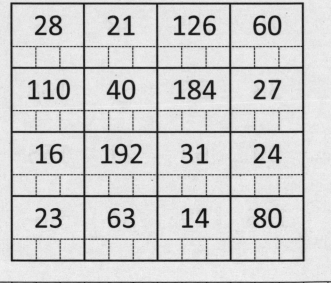

# 86

| | | | |
|---|---|---|---|
| 28 | 21 | 126 | 60 |
| 110 | 40 | 184 | 27 |
| 16 | 192 | 31 | 24 |
| 23 | 63 | 14 | 80 |

| | | | | | | | | | | | | | | | |
|---|---|---|---|---|---|---|---|---|---|---|---|---|---|---|---|
| 3 | 4 | | 6 | | | 9 | 10 | 10 | | | | 20 | | 21 | |

| | | | |
|---|---|---|---|
| 15 | 72 | 36 | 27 |
| 33 | 22 | 40 | 13 |
| 62 | 52 | 17 | 176 |
| 96 | 28 | 56 | 30 |

| | | | | | | | | | | | | | | | |
|---|---|---|---|---|---|---|---|---|---|---|---|---|---|---|---|
| 2 | | 3 | 4 | | | | 8 | 8 | | 13 | | 22 | | 24 | |

Moderate

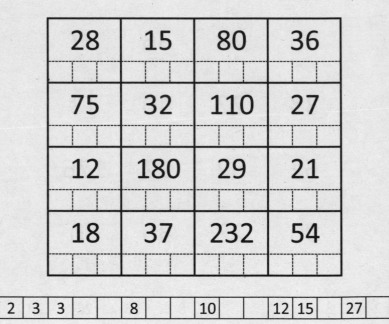

| 28 | 15 | 80 | 36 |
|---|---|---|---|
| 75 | 32 | 110 | 27 |
| 12 | 180 | 29 | 21 |
| 18 | 37 | 232 | 54 |

| 2 | 3 | 3 | | | 8 | | | 10 | | | 12 | 15 | | 27 | |
|---|---|---|---|---|---|---|---|---|---|---|---|---|---|---|---|

**89**

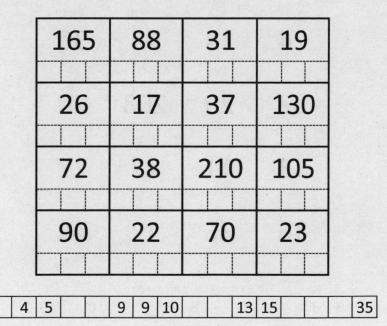

| | | | |
|---|---|---|---|
| 165 | 88 | 31 | 19 |
| 26 | 17 | 37 | 130 |
| 72 | 38 | 210 | 105 |
| 90 | 22 | 70 | 23 |

| | | | | | | | | | | | | | | | |
|---|---|---|---|---|---|---|---|---|---|---|---|---|---|---|---|
| | 4 | 5 | | | 9 | 9 | 10 | | | 13 | 15 | | | | 35 |

**Moderate**

| | | | |
|---|---|---|---|
| 24 | 14 | 64 | 30 |
| 52 | 29 | 208 | 20 |
| 13 | 11 | 27 | 17 |
| 16 | 36 | 12 | 48 |

| | | | | | | | | | | | | | | | |
|---|---|---|---|---|---|---|---|---|---|---|---|---|---|---|---|
| | 3 | 3 | | | 6 | | 8 | 8 | | | 10 | | 13 | 16 | |

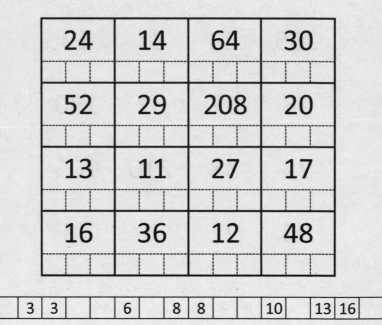

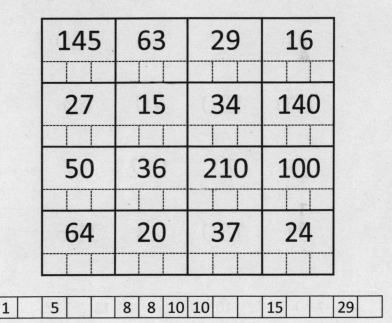

**91**

| 145 | 63 | 29 | 16 |
|---|---|---|---|
| 27 | 15 | 34 | 140 |
| 50 | 36 | 210 | 100 |
| 64 | 20 | 37 | 24 |

| 1 | | 5 | | | 8 | 8 | 10 | 10 | | | 15 | | | 29 | |
|---|---|---|---|---|---|---|---|---|---|---|---|---|---|---|---|

**Moderate**

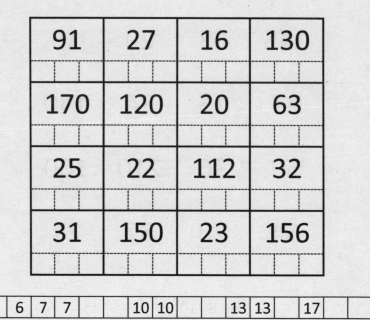

| | | | |
|---|---|---|---|
| 91 | 27 | 16 | 130 |
| 170 | 120 | 20 | 63 |
| 25 | 22 | 112 | 32 |
| 31 | 150 | 23 | 156 |

| | | | | | | | | | | | | | | | |
|---|---|---|---|---|---|---|---|---|---|---|---|---|---|---|---|
| | 6 | 7 | 7 | | | 10 | 10 | | | 13 | 13 | | 17 | | |

**93**

| | | | |
|---|---|---|---|
| 21 | 240 | 56 | 34 |
| 50 | 27 | 72 | 18 |
| 120 | 90 | 23 | 15 |
| 273 | 38 | 110 | 46 |

| | | | | | | | | | | | | | | | |
|---|---|---|---|---|---|---|---|---|---|---|---|---|---|---|---|
| | | 5 | 6 | 7 | | 8 | 8 | | 11 | | 18 | | 30 | | |

**Moderate**

# 94

| | | | |
|---|---|---|---|
| 22 | 126 | 72 | 26 |
| 35 | 25 | 81 | 20 |
| 120 | 84 | 23 | 286 |
| 165 | 27 | 96 | 30 |

| | | | | | | | | | | | | | | | |
|---|---|---|---|---|---|---|---|---|---|---|---|---|---|---|---|
| | 3 | 4 | | | | 11 | | 12 | 13 | 14 | 15 | | 22 | | |

**95**

| | | | |
|---|---|---|---|
| 19 | 140 | 29 | 24 |
| 28 | 23 | 60 | 190 |
| 120 | 90 | 21 | 180 |
| 160 | 26 | 108 | 27 |

| | | | | | | | | | | | | | | | |
|---|---|---|---|---|---|---|---|---|---|---|---|---|---|---|---|
| | 6 | 8 | 9 | | | 10 | 10 | | 12 | | 15 | | | | 20 |

**Moderate**

96

| | | | |
|---|---|---|---|
| 96 | 42 | 22 | 189 |
| 20 | 117 | 22 | 81 |
| 38 | 30 | 105 | 72 |
| 64 | 297 | 34 | 18 |

| | | | | | | | | | | | | | | | |
|---|---|---|---|---|---|---|---|---|---|---|---|---|---|---|---|
| | 3 | 4 | | 9 | 9 | 9 | 9 | | 12 | | | | | 33 | |

**97**

| | | | |
|---|---|---|---|
| 26 | 360 | 48 | 39 |
| 45 | 38 | 140 | 16 |
| 350 | 152 | 27 | 380 |
| 374 | 39 | 165 | 42 |

| | | | | | | | | | | | | | | | |
|---|---|---|---|---|---|---|---|---|---|---|---|---|---|---|---|
| 4 | | | 10 | 11 | | 15 | | 18 | 19 | 20 | | | 22 | | |

Moderate

# 98

| | | | |
|---|---|---|---|
| 29 | 14 | 120 | 34 |
| 90 | 34 | 165 | 26 |
| 208 | 168 | 31 | 23 |
| 21 | 49 | 198 | 54 |

| | | | | | | | | | | | | | | | |
|---|---|---|---|---|---|---|---|---|---|---|---|---|---|---|---|
| 3 | | 5 | 6 | 7 | 7 | | | | 15 | | 18 | 18 | | | |

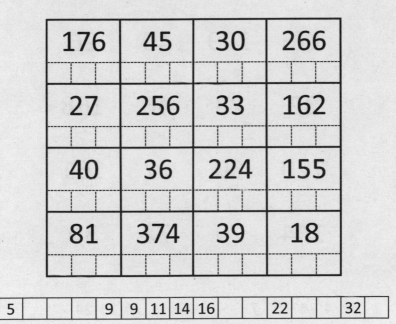

**99**

| | | | |
|---|---|---|---|
| 176 | 45 | 30 | 266 |
| 27 | 256 | 33 | 162 |
| 40 | 36 | 224 | 155 |
| 81 | 374 | 39 | 18 |

| | | | | | | | | | | | | | | | |
|---|---|---|---|---|---|---|---|---|---|---|---|---|---|---|---|
| 5 | | | | 9 | 9 | 11 | 14 | 16 | | | 22 | | | 32 | |

**Moderate**

| | | | |
|---|---|---|---|
| 175 | 129 | 40 | 26 |
| 32 | 23 | 46 | 168 |
| 120 | 60 | 22 | 161 |
| 144 | 29 | 72 | 30 |

| | | | | | | | | | | | | | | | |
|---|---|---|---|---|---|---|---|---|---|---|---|---|---|---|---|
| | 3 | 4 | 4 | 5 | 7 | | | | | 20 | 23 | 24 | | | |

**101**

| | | | |
|---|---|---|---|
| 15 | 180 | 33 | 27 |
| 32 | 26 | 36 | 260 |
| 111 | 40 | 18 | 224 |
| 190 | 29 | 56 | 30 |

| | | | | | | | | | | | | | | | |
|---|---|---|---|---|---|---|---|---|---|---|---|---|---|---|---|
| 1 | | | 6 | | 8 | 10 | | 14 | | 16 | | 20 | 26 | | |

**Moderate**

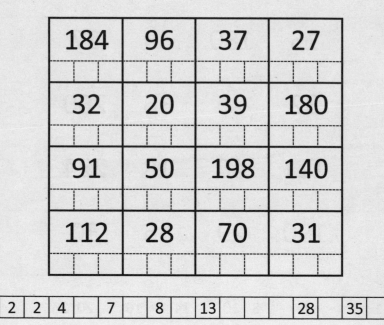

| 184 | 96 | 37 | 27 |
|---|---|---|---|
| 32 | 20 | 39 | 180 |
| 91 | 50 | 198 | 140 |
| 112 | 28 | 70 | 31 |

| 2 | 2 | 4 | | 7 | | 8 | | 13 | | | | 28 | | 35 | |
|---|---|---|---|---|---|---|---|---|---|---|---|---|---|---|---|

| | | | |
|---|---|---|---|
| 112 | 31 | 22 | 168 |
| 21 | 144 | 24 | 108 |
| 30 | 26 | 135 | 104 |
| 34 | 189 | 28 | 195 |

| | | | | | | | | | | | | | | | |
|---|---|---|---|---|---|---|---|---|---|---|---|---|---|---|---|
| | 6 | | 8 | 8 | | | | 13 | 14 | | 15 | 18 | 21 | | |

Moderate

# 104

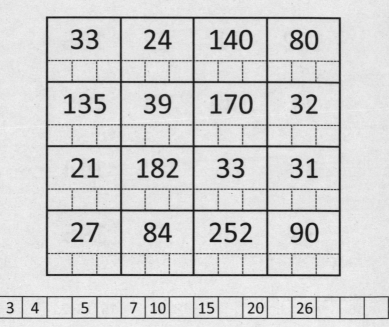

| | | | |
|---|---|---|---|
| 33 | 24 | 140 | 80 |
| 135 | 39 | 170 | 32 |
| 21 | 182 | 33 | 31 |
| 27 | 84 | 252 | 90 |

| | | | | | | | | | | | | | | | |
|---|---|---|---|---|---|---|---|---|---|---|---|---|---|---|---|
| 3 | 4 | | 5 | | 7 | 10 | | 15 | | 20 | | 26 | | | |

**105**

| | | | |
|---|---|---|---|
| 100 | 37 | 23 | 192 |
| 20 | 160 | 28 | 75 |
| 32 | 28 | 102 | 60 |
| 40 | 204 | 29 | 256 |

| | | | | | | | | | | | | | | | |
|---|---|---|---|---|---|---|---|---|---|---|---|---|---|---|---|
| | | | 5 | 6 | 8 | 12 | | 16 | 16 | | 20 | | | 34 | |

**Moderate**

| | | | |
|---|---|---|---|
| 104 | 30 | 22 | 144 |
| 21 | 120 | 22 | 96 |
| 28 | 26 | 110 | 72 |
| 41 | 180 | 27 | 348 |

| | | | | | | | | | | | | | | | |
|---|---|---|---|---|---|---|---|---|---|---|---|---|---|---|---|
| 4 | 5 | 6 | 6 | | 8 | | | | 16 | 18 | 18 | | | | |

**107**

| | | | |
|---|---|---|---|
| 31 | 192 | 100 | 63 |
| 67 | 52 | 101 | 28 |
| 147 | 108 | 35 | 24 |
| 198 | 64 | 124 | 66 |

| | | | | | | | | | | | | | | | |
|---|---|---|---|---|---|---|---|---|---|---|---|---|---|---|---|
| 1 | | | 3 | 4 | 6 | | 12 | 16 | 18 | | | 49 | | | |

**Moderate**

## 108

| | | | |
|---|---|---|---|
| 200 | 120 | 30 | 24 |
| 28 | 23 | 33 | 182 |
| 105 | 34 | 225 | 128 |
| 126 | 26 | 96 | 27 |

| | | | | | | | | | | | | | | | |
|---|---|---|---|---|---|---|---|---|---|---|---|---|---|---|---|
| 4 | | 5 | | 8 | 9 | | | | 15 | | | 21 | 24 | 25 | |

**109**

| | | | |
|---|---|---|---|
| 180 | 84 | 29 | 20 |
| 27 | 270 | 31 | 168 |
| 72 | 31 | 210 | 126 |
| 96 | 22 | 33 | 25 |

| | | | | | | | | | | | | | | | |
|---|---|---|---|---|---|---|---|---|---|---|---|---|---|---|---|
| | 4 | 6 | 7 | 8 | | | | | 18 | | | 21 | 21 | | 24 |

Moderate

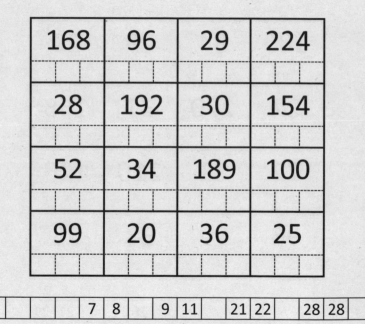

| 168 | 96 | 29 | 224 |
|---|---|---|---|
| 28 | 192 | 30 | 154 |
| 52 | 34 | 189 | 100 |
| 99 | 20 | 36 | 25 |

| | | | | 7 | 8 | | 9 | 11 | | 21 | 22 | | 28 | 28 | |
|---|---|---|---|---|---|---|---|---|---|---|---|---|---|---|---|

| | | | |
|---|---|---|---|
| 105 | 30 | 234 | 130 |
| 216 | 120 | 22 | 35 |
| 26 | 23 | 120 | 33 |
| 31 | 144 | 26 | 200 |

| | | | | | | | | | | | | | | | |
|---|---|---|---|---|---|---|---|---|---|---|---|---|---|---|---|
| | | | | 8 | 8 | | 13 | 13 | 15 | 18 | 20 | 20 | | | |

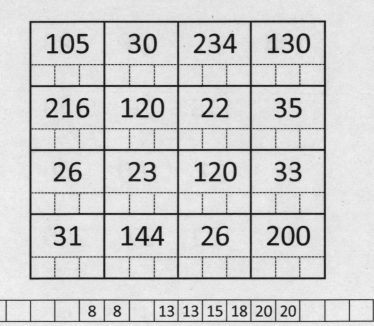

Moderate

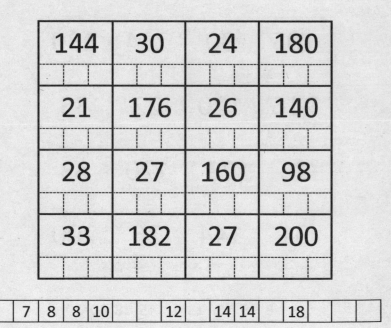

| 144 | 30 | 24 | 180 |
|---|---|---|---|
| 21 | 176 | 26 | 140 |
| 28 | 27 | 160 | 98 |
| 33 | 182 | 27 | 200 |

| | 7 | 8 | 8 | 10 | | | 12 | | 14 | 14 | | 18 | | | |
|---|---|---|---|---|---|---|---|---|---|---|---|---|---|---|---|

# 113

| 27 | 198 | 126 | 37 |
|---|---|---|---|
| 102 | 29 | 132 | 25 |
| 180 | 144 | 28 | 23 |
| 210 | 37 | 160 | 41 |

| | 5 | 6 | 6 | 6 | | 9 | 11 | 16 | | 18 | | | | | |
|---|---|---|---|---|---|---|---|---|---|---|---|---|---|---|---|

Moderate

## 114

| | | | |
|---|---|---|---|
| 23 | 175 | 44 | 33 |
| 42 | 32 | 45 | 272 |
| 112 | 80 | 24 | 256 |
| 200 | 33 | 90 | 40 |

| | | | | | | | | | | | | | | | |
|---|---|---|---|---|---|---|---|---|---|---|---|---|---|---|---|
| 1 | | 4 | 5 | | 8 | 8 | | | | 20 | | | 34 | 35 | |

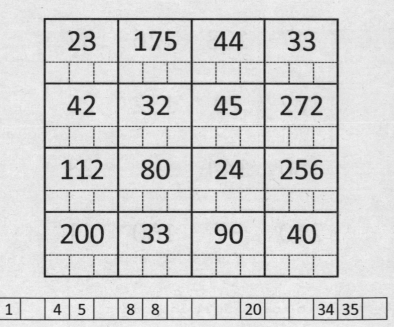

## 115

| | | | |
|---|---|---|---|
| 27 | 216 | 96 | 31 |
| 72 | 30 | 102 | 23 |
| 192 | 176 | 28 | 22 |
| 252 | 32 | 184 | 33 |

| | | | | | | | | | | | | | | | |
|---|---|---|---|---|---|---|---|---|---|---|---|---|---|---|---|
| | 4 | 6 | 8 | | | 12 | | | 17 | | 18 | 21 | | | 24 |

Moderate

| | | | |
|---|---|---|---|
| 26 | 224 | 100 | 30 |
| 51 | 29 | 136 | 25 |
| 195 | 160 | 28 | 20 |
| 312 | 37 | 168 | 38 |

| | | | | | | | | | | | | | | | |
|---|---|---|---|---|---|---|---|---|---|---|---|---|---|---|---|
| 3 | 4 | | | 10 | | 13 | 14 | 15 | 16 | | | 20 | | | |

| | | | |
|---|---|---|---|
| 27 | 198 | 72 | 30 |
| 34 | 29 | 96 | 22 |
| 192 | 176 | 28 | 220 |
| 208 | 31 | 189 | 32 |

| | | | | | | | | | | | | | | | |
|---|---|---|---|---|---|---|---|---|---|---|---|---|---|---|---|
| | 4 | | 8 | | | 11 | | 16 | | 18 | 20 | | 24 | 24 | |

Moderate

| | | | |
|---|---|---|---|
| 294 | 108 | 32 | 23 |
| 31 | 21 | 35 | 220 |
| 80 | 38 | 361 | 187 |
| 112 | 24 | 60 | 28 |

| 2 | | | | 11 | | | | 16 | 17 | | 19 | 19 | 20 | 21 | |
|---|---|---|---|---|---|---|---|---|---|---|---|---|---|---|---|

119

| 25 | 196 | 66 | 29 |
|---|---|---|---|
| 40 | 28 | 100 | 25 |
| 168 | 144 | 26 | 380 |
| 204 | 35 | 160 | 39 |

| | | 6 | 7 | | | 12 | 14 | 16 | | 20 | | | 25 | | 34 |
|---|---|---|---|---|---|---|---|---|---|---|---|---|---|---|---|

Moderate

# 120

| | | | |
|---|---|---|---|
| 102 | 34 | 299 | 154 |
| 288 | 132 | 23 | 44 |
| 28 | 25 | 120 | 37 |
| 36 | 168 | 26 | 195 |

| | | | | | | | | | | | | | | | |
|---|---|---|---|---|---|---|---|---|---|---|---|---|---|---|---|
| | | 6 | 8 | 11 | 12 | 13 | 14 | | 15 | | | 22 | | | |

**121**

| | | | |
|---|---|---|---|
| 26 | 252 | 105 | 33 |
| 45 | 29 | 120 | 22 |
| 198 | 160 | 28 | 296 |
| 270 | 37 | 195 | 39 |

| | | | | | | | | | | | | | | | |
|---|---|---|---|---|---|---|---|---|---|---|---|---|---|---|---|
| 5 | | 8 | 9 | 10 | 11 | | | 13 | 15 | 18 | | | | | |

Moderate

# 122

| | | | |
|---|---|---|---|
| 42 | 29 | 320 | 100 |
| 280 | 64 | 360 | 38 |
| 29 | 20 | 50 | 36 |
| 34 | 120 | 27 | 180 |

| | | | | | | | | | | | | | | | |
|---|---|---|---|---|---|---|---|---|---|---|---|---|---|---|---|
| 2 | 2 | | | | 10 | | 12 | | 20 | | 24 | | 28 | | 32 |

123

| 105 | 32 | 300 | 192 |
|---|---|---|---|
| 220 | 132 | 22 | 40 |
| 31 | 23 | 120 | 38 |
| 37 | 204 | 29 | 210 |

| | | 8 | 10 | 11 | 11 | | | 12 | | 15 | 20 | 24 | | | |
|---|---|---|---|---|---|---|---|---|---|---|---|---|---|---|---|

Moderate

# 124

| | | | |
|---|---|---|---|
| 168 | 34 | 26 | 216 |
| | | | |
| 21 | 200 | 29 | 144 |
| | | | |
| 33 | 30 | 198 | 108 |
| | | | |
| 45 | 225 | 30 | 266 |
| | | | |

| | | | | | | | | | | | | | | | |
|---|---|---|---|---|---|---|---|---|---|---|---|---|---|---|---|
| 5 | | 8 | 9 | | 12 | 12 | 14 | | | 18 | 18 | | | | |

## 125

| | | | |
|---|---|---|---|
| 30 | 26 | 180 | 41 |
| 176 | 34 | 208 | 29 |
| 264 | 210 | 31 | 29 |
| 27 | 144 | 238 | 168 |

| | | | | | | | | | | | | | | | |
|---|---|---|---|---|---|---|---|---|---|---|---|---|---|---|---|
| 6 | 7 | | | 11 | | 12 | 13 | | | 16 | | 21 | | | 34 |

Moderate

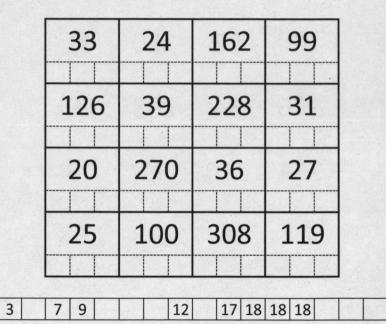

| | | | |
|---|---|---|---|
| 33 | 24 | 162 | 99 |
| 126 | 39 | 228 | 31 |
| 20 | 270 | 36 | 27 |
| 25 | 100 | 308 | 119 |

| | | | | | | | | | | | | | | | |
|---|---|---|---|---|---|---|---|---|---|---|---|---|---|---|---|
| 3 | | 7 | 9 | | | | 12 | | 17 | 18 | 18 | 18 | | | |

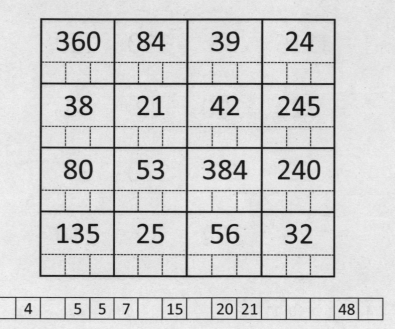

**127**

| | | | |
|---|---|---|---|
| 360 | 84 | 39 | 24 |
| 38 | 21 | 42 | 245 |
| 80 | 53 | 384 | 240 |
| 135 | 25 | 56 | 32 |

| | | | | | | | | | | | | | | | |
|---|---|---|---|---|---|---|---|---|---|---|---|---|---|---|---|
| | 4 | | 5 | 5 | 7 | | 15 | | 20 | 21 | | | | 48 | |

**Moderate**

| 116 | 35 | 330 | 220 |
|---|---|---|---|
| 323 | 150 | 22 | 41 |
| 33 | 31 | 120 | 37 |
| 36 | 252 | 32 | 264 |

| 4 | | | 10 | 11 | 12 | | | 17 | | 19 | | 22 | | 30 | |
|---|---|---|---|---|---|---|---|---|---|---|---|---|---|---|---|

| 28 | 264 | 168 | 34 |
|---|---|---|---|
| 160 | 30 | 176 | 27 |
| 225 | 180 | 29 | 26 |
| 288 | 36 | 224 | 41 |

| | | 9 | 9 | | | 12 | 14 | 15 | 15 | | 20 | | 22 | | |
|---|---|---|---|---|---|---|---|---|---|---|---|---|---|---|---|

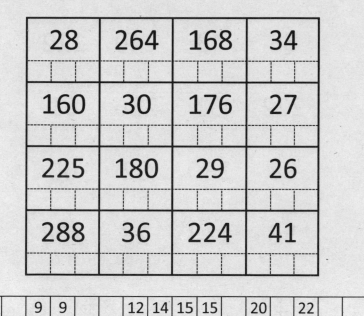

| | | | |
|---|---|---|---|
| 68 | 43 | 240 | 112 |
| 222 | 83 | 256 | 61 |
| 38 | 280 | 82 | 60 |
| 56 | 113 | 23 | 208 |

| | | | | | | | | | | | | | | | |
|---|---|---|---|---|---|---|---|---|---|---|---|---|---|---|---|
| 1 | | 3 | 4 | 4 | | | 8 | | 30 | | 52 | | 64 | | |

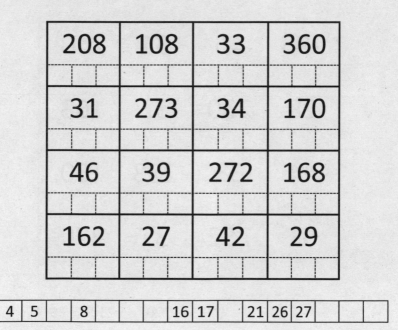

## 131

| 208 | 108 | 33 | 360 |
|---|---|---|---|
| 31 | 273 | 34 | 170 |
| 46 | 39 | 272 | 168 |
| 162 | 27 | 42 | 29 |

| 4 | 5 |  | 8 |  |  |  | 16 | 17 |  | 21 | 26 | 27 |  |  |  |
|---|---|---|---|---|---|---|---|---|---|---|---|---|---|---|---|

132

| 195 | 46 | 31 | 240 |
|---|---|---|---|
| 28 | 230 | 32 | 168 |
| 44 | 33 | 228 | 160 |
| 51 | 252 | 37 | 270 |

| 4 | 5 | 5 | | 10 | | | | | 20 | | 21 | | 39 | 42 | |
|---|---|---|---|---|---|---|---|---|---|---|---|---|---|---|---|

133

| 140 | 60 | 28 | 256 |
|---|---|---|---|
| 24 | 252 | 32 | 115 |
| 39 | 33 | 224 | 108 |
| 68 | 315 | 36 | 324 |

| 4 | 4 | 5 | | 6 | | 14 | 15 | | | 21 | 23 | | | | |
|---|---|---|---|---|---|---|---|---|---|---|---|---|---|---|---|

Moderate

# 134

| | | | |
|---|---|---|---|
| 144 | 37 | 330 | 198 |
| 270 | 184 | 26 | 43 |
| 33 | 29 | 180 | 41 |
| 39 | 232 | 31 | 252 |

| | | | | | | | | | | | | | | | |
|---|---|---|---|---|---|---|---|---|---|---|---|---|---|---|---|
| | | | 8 | 8 | 9 | | 15 | | 18 | | | 29 | 30 | 33 | |

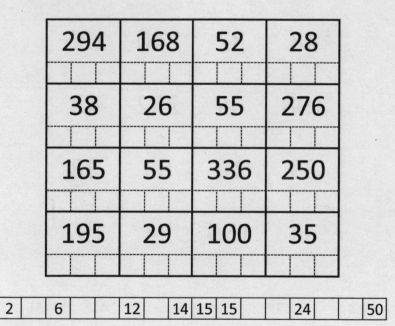

## 135

| | | | |
|---|---|---|---|
| 294 | 168 | 52 | 28 |
| 38 | 26 | 55 | 276 |
| 165 | 55 | 336 | 250 |
| 195 | 29 | 100 | 35 |

| | | | | | | | | | | | | | | | |
|---|---|---|---|---|---|---|---|---|---|---|---|---|---|---|---|
| 2 | | 6 | | | 12 | | 14 | 15 | 15 | | | 24 | | | 50 |

Moderate

## 136

| | | | |
|---|---|---|---|
| 48 | 32 | 240 | 135 |
| 198 | 64 | 252 | 43 |
| 29 | 16 | 63 | 38 |
| 34 | 156 | 24 | 192 |

| | | | | | | | | | | | | | | | |
|---|---|---|---|---|---|---|---|---|---|---|---|---|---|---|---|
| | 3 | | 6 | 7 | | | | 11 | | 21 | 24 | | 32 | 36 | |

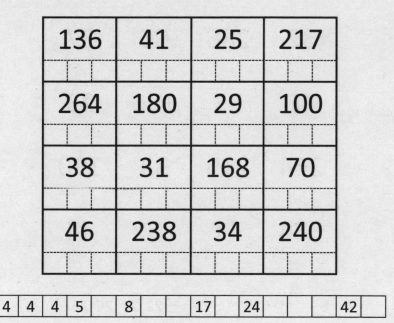

137

| 136 | 41 | 25 | 217 |
|---|---|---|---|
| 264 | 180 | 29 | 100 |
| 38 | 31 | 168 | 70 |
| 46 | 238 | 34 | 240 |

| 4 | 4 | 4 | 5 |  | 8 |  |  | 17 |  | 24 |  |  |  | 42 |  |
|---|---|---|---|---|---|---|---|---|---|---|---|---|---|---|---|

| | | | |
|---|---|---|---|
| 32 | 286 | 66 | 37 |
| 48 | 35 | 156 | 25 |
| 264 | 215 | 34 | 390 |
| 384 | 41 | 252 | 44 |

| | | | | | | | | | | | | | | | |
|---|---|---|---|---|---|---|---|---|---|---|---|---|---|---|---|
| | 5 | 6 | | | 12 | | 15 | | 22 | 22 | 26 | 26 | | | |

**139**

| | | | |
|---|---|---|---|
| 152 | 37 | 308 | 270 |
| 305 | 224 | 27 | 66 |
| 36 | 30 | 216 | 51 |
| 39 | 275 | 35 | 286 |

| | | | | | | | | | | | | | | | |
|---|---|---|---|---|---|---|---|---|---|---|---|---|---|---|---|
| 5 | | | 8 | | 11 | 11 | | | | 25 | | 27 | 28 | | 61 |

**Moderate**

| 240 | 36 | 31 | 286 |
|---|---|---|---|
| 315 | 270 | 32 | 220 |
| 35 | 33 | 252 | 37 |
| 37 | 289 | 34 | 300 |

| 10 | | | 12 | | | 15 | | 17 | 17 | | 21 | 22 | | 25 | |
|---|---|---|---|---|---|---|---|---|---|---|---|---|---|---|---|

# Difficult Tetonor

**141**

| | | | |
|---|---|---|---|
| 16 | 63 | 40 | 22 |
| 26 | 21 | 44 | 15 |
| 56 | 45 | 18 | 14 |
| 10 | 24 | 48 | 25 |

| | | | | | | | | | | | | | | | |
|---|---|---|---|---|---|---|---|---|---|---|---|---|---|---|---|
| | | 2 | 3 | | | 5 | | | 8 | | | | 21 | | |

Difficult

| | | | |
|---|---|---|---|
| 27 | 21 | 12 | 52 |
| 80 | 36 | 13 | 24 |
| 20 | 16 | 28 | 23 |
| 22 | 60 | 17 | 63 |

| | | | | | | | | | | | | | | | |
|---|---|---|---|---|---|---|---|---|---|---|---|---|---|---|---|
| | | | 3 | 4 | 4 | 5 | 6 | 9 | | | | | | | |

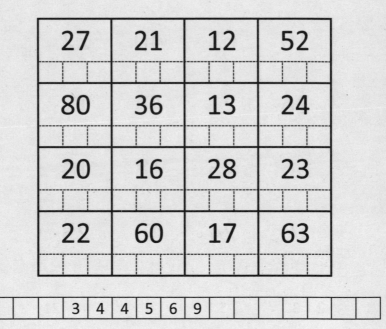

143

| | | | |
|---|---|---|---|
| 12 | 110 | 27 | 21 |
| 24 | 16 | 28 | 11 |
| 108 | 63 | 13 | 10 |
| 7 | 22 | 90 | 23 |

| | | | | | | | | | | | | | | | |
|---|---|---|---|---|---|---|---|---|---|---|---|---|---|---|---|
| 1 | | | 3 | | 4 | | | 9 | | 11 | | | | | |

Difficult

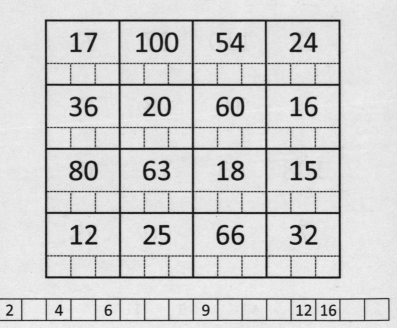

| | | | |
|---|---|---|---|
| 17 | 100 | 54 | 24 |
| 36 | 20 | 60 | 16 |
| 80 | 63 | 18 | 15 |
| 12 | 25 | 66 | 32 |

| | | | | | | | | | | | | | | | |
|---|---|---|---|---|---|---|---|---|---|---|---|---|---|---|---|
| 2 | | 4 | | 6 | | | | 9 | | | | 12 | 16 | | |

145

| 23 | 18 | 96 | 60 |
|---|---|---|---|
| 72 | 25 | 126 | 22 |
| 17 | 11 | 24 | 20 |
| 19 | 64 | 16 | 66 |

| | | 4 | | 6 | | 8 | | 9 | 9 | | | | | | |
|---|---|---|---|---|---|---|---|---|---|---|---|---|---|---|---|

Difficult

| | | | |
|---|---|---|---|
| 44 | 24 | 15 | 70 |
| 90 | 66 | 17 | 42 |
| 23 | 19 | 56 | 30 |
| 25 | 80 | 21 | 84 |

| | | | | | | | | | | | | | | | |
|---|---|---|---|---|---|---|---|---|---|---|---|---|---|---|---|
| 2 | | 3 | 4 | | | | 7 | | | | | | 21 | | |

# 147

| | | | |
|---|---|---|---|
| 16 | 165 | 28 | 22 |
| 26 | 21 | 60 | 16 |
| 120 | 64 | 20 | 11 |
| 10 | 23 | 96 | 24 |

| | | | | | | | | | | | | | | | |
|---|---|---|---|---|---|---|---|---|---|---|---|---|---|---|---|
| | 4 | | | 6 | | | | 8 | | 10 | 11 | 12 | | | |

Difficult

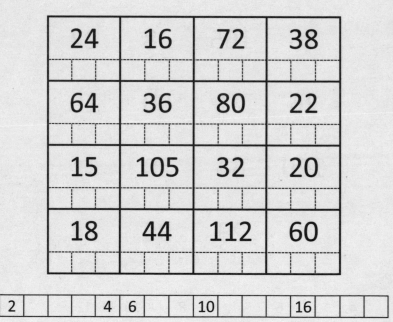

| | | | |
|---|---|---|---|
| 24 | 16 | 72 | 38 |
| 64 | 36 | 80 | 22 |
| 15 | 105 | 32 | 20 |
| 18 | 44 | 112 | 60 |

| | | | | | | | | | | | | | | | |
|---|---|---|---|---|---|---|---|---|---|---|---|---|---|---|---|
| 2 | | | | 4 | 6 | | | 10 | | | | 16 | | | |

149

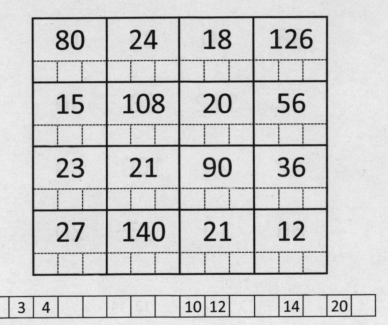

| 80 | 24 | 18 | 126 |
| --- | --- | --- | --- |
| 15 | 108 | 20 | 56 |
| 23 | 21 | 90 | 36 |
| 27 | 140 | 21 | 12 |

| | 3 | 4 | | | | | | 10 | 12 | | | 14 | | 20 | |
| --- | --- | --- | --- | --- | --- | --- | --- | --- | --- | --- | --- | --- | --- | --- | --- |

| 96 | 60 | 23 | 17 |
|---|---|---|---|
| 22 | 112 | 23 | 90 |
| 42 | 25 | 100 | 84 |
| 66 | 19 | 25 | 20 |

| | | | 5 | | 7 | 8 | | | 12 | 14 | | | | | |
|---|---|---|---|---|---|---|---|---|---|---|---|---|---|---|---|

151

| 24 | 14 | 64 | 26 |
|---|---|---|---|
| 48 | 25 | 100 | 22 |
| 144 | 105 | 24 | 20 |
| 16 | 33 | 140 | 40 |

| 2 | | | 4 | 5 | | | | 12 | 12 | | | | | 21 | |
|---|---|---|---|---|---|---|---|---|---|---|---|---|---|---|---|

| 16 | 84 | 30 | 19 |
|---|---|---|---|
| 29 | 17 | 31 | 11 |
| 70 | 60 | 17 | 198 |
| 154 | 25 | 66 | 28 |

| 2 | | | | | 6 | | 11 | | | 12 | | 14 | 14 | | |
|---|---|---|---|---|---|---|---|---|---|---|---|---|---|---|---|

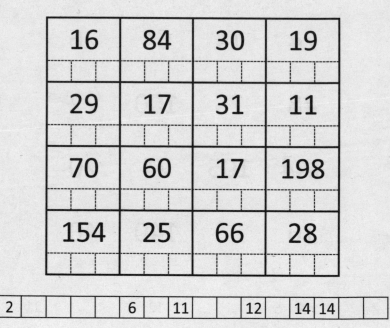

153

| 28 | 17 | 75 | 60 |
|---|---|---|---|
| 70 | 52 | 156 | 25 |
| 17 | 192 | 32 | 20 |
| 19 | 64 | 16 | 66 |

| | | 4 | 5 | 6 | 7 | | | | | | 15 | | | | 26 |
|---|---|---|---|---|---|---|---|---|---|---|---|---|---|---|---|

Difficult

# 154

| | | | |
|---|---|---|---|
| 72 | 27 | 17 | 110 |
| 16 | 96 | 18 | 64 |
| 23 | 20 | 80 | 60 |
| 28 | 126 | 21 | 132 |

| | | | | | | | | | | | | | | | |
|---|---|---|---|---|---|---|---|---|---|---|---|---|---|---|---|
| | | | | | | 9 | 10 | 10 | | | 11 | | 16 | | |

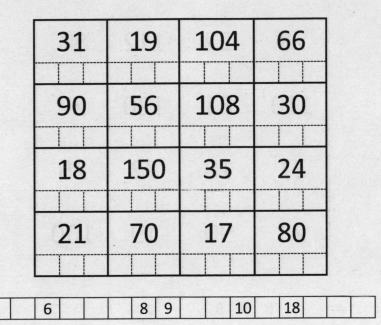

155

| 31 | 19 | 104 | 66 |
|---|---|---|---|
| 90 | 56 | 108 | 30 |
| 18 | 150 | 35 | 24 |
| 21 | 70 | 17 | 80 |

| | | 6 | | | | 8 | 9 | | | 10 | | 18 | | | |
|---|---|---|---|---|---|---|---|---|---|---|---|---|---|---|---|

Difficult

| | | | |
|---|---|---|---|
| 29 | 22 | 112 | 84 |
| 110 | 81 | 120 | 27 |
| 21 | 18 | 72 | 25 |
| 23 | 90 | 19 | 100 |

| | | | | | | | | | | | | | | | |
|---|---|---|---|---|---|---|---|---|---|---|---|---|---|---|---|
| | 4 | | | 8 | 9 | 9 | | | 10 | | | | 21 | | |

157

| 70 | 28 | 19 | 105 |
|---|---|---|---|
| 15 | 96 | 20 | 50 |
| 27 | 22 | 75 | 36 |
| 28 | 160 | 26 | 180 |

| 2 | | | | 5 | | | | 12 | | 15 | | 18 | | | 25 |
|---|---|---|---|---|---|---|---|---|---|---|---|---|---|---|---|

Difficult

| | | | |
|---|---|---|---|
| 42 | 17 | 86 | 66 |
| 85 | 59 | 130 | 31 |
| 17 | 168 | 58 | 30 |
| 22 | 67 | 13 | 72 |

| 1 | 2 | 2 | | 3 | | | | 7 | | | | | | | |
|---|---|---|---|---|---|---|---|---|---|---|---|---|---|---|---|

## 159

| | | | |
|---|---|---|---|
| 96 | 42 | 22 | 132 |
| 21 | 117 | 23 | 90 |
| 33 | 27 | 110 | 80 |
| 60 | 162 | 28 | 19 |

| | | | | | | | | | | | | | | | |
|---|---|---|---|---|---|---|---|---|---|---|---|---|---|---|---|
| 2 | | | | 9 | 9 | 10 | | 11 | | 13 | | | | | |

Difficult

160

| 25 | 18 | 120 | 28 |
|---|---|---|---|
| 80 | 27 | 126 | 24 |
| 180 | 144 | 26 | 23 |
| 22 | 46 | 160 | 72 |

| 2 | | | 8 | 8 | 9 | | | | | | 15 | | | 20 | |
|---|---|---|---|---|---|---|---|---|---|---|---|---|---|---|---|

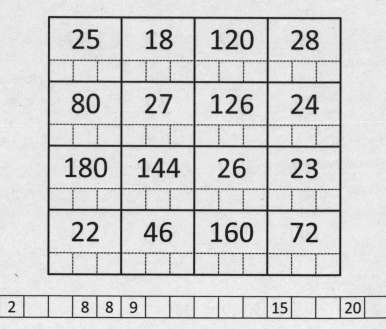

**161**

| | | | |
|---|---|---|---|
| 21 | 168 | 54 | 29 |
| 34 | 27 | 56 | 18 |
| 104 | 72 | 21 | 225 |
| 176 | 30 | 80 | 30 |

| | | | | | | | | | | | | | | | |
|---|---|---|---|---|---|---|---|---|---|---|---|---|---|---|---|
| 2 | 2 | | | | 8 | | | | | | 16 | | | 28 | |

Difficult

## 162

| | | | |
|---|---|---|---|
| 120 | 43 | 23 | 150 |
| 22 | 135 | 24 | 112 |
| 35 | 25 | 126 | 96 |
| 84 | 156 | 25 | 20 |

| | | | | | | | | | | | | | | | |
|---|---|---|---|---|---|---|---|---|---|---|---|---|---|---|---|
| | 3 | | 8 | | | 10 | 12 | | 14 | 14 | | | | | |

| 100 | 28 | 20 | 156 |
|---|---|---|---|
| 19 | 120 | 22 | 90 |
| 26 | 23 | 105 | 84 |
| 32 | 160 | 25 | 192 |

| | 6 | | | 8 | | | | 12 | | 15 | | | 16 | | |
|---|---|---|---|---|---|---|---|---|---|---|---|---|---|---|---|

Difficult

164

| 60 | 32 | 17 | 132 |
|---|---|---|---|
| 252 | 84 | 20 | 52 |
| 28 | 23 | 75 | 38 |
| 37 | 136 | 25 | 192 |

| 2 | | | 5 | | 8 | | | 12 | 12 | | | | | | |
|---|---|---|---|---|---|---|---|---|---|---|---|---|---|---|---|

165

| 28 | 160 | 102 | 41 |
|---|---|---|---|
| 100 | 37 | 114 | 28 |
| 147 | 120 | 29 | 25 |
| 23 | 52 | 132 | 78 |

| 2 | | 5 | 5 | 6 | 6 | | | | | | | | | 39 | |
|---|---|---|---|---|---|---|---|---|---|---|---|---|---|---|---|

| 52 | 28 | 156 | 98 |
|---|---|---|---|
| 147 | 75 | 190 | 51 |
| 25 | 20 | 54 | 43 |
| 29 | 100 | 21 | 144 |

| 2 | 2 | 3 | | 5 | | | 10 | | | | | 21 | | | |
|---|---|---|---|---|---|---|---|---|---|---|---|---|---|---|---|

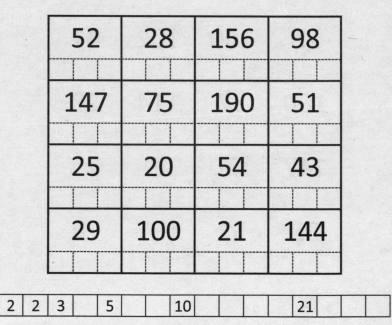

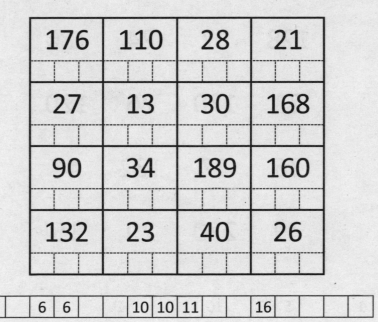

167

| | | | |
|---|---|---|---|
| 176 | 110 | 28 | 21 |
| 27 | 13 | 30 | 168 |
| 90 | 34 | 189 | 160 |
| 132 | 23 | 40 | 26 |

| | | | | | | | | | | | | | | | |
|---|---|---|---|---|---|---|---|---|---|---|---|---|---|---|---|
| | | 6 | 6 | | | 10 | 10 | 11 | | | 16 | | | | |

Difficult

| | | | |
|---|---|---|---|
| 128 | 37 | 24 | 180 |
| 23 | 170 | 26 | 120 |
| 36 | 27 | 132 | 44 |
| 39 | 270 | 29 | 15 |

| 1 | | | 5 | 6 | | 10 | 11 | | | 16 | | | | | |
|---|---|---|---|---|---|---|---|---|---|---|---|---|---|---|---|

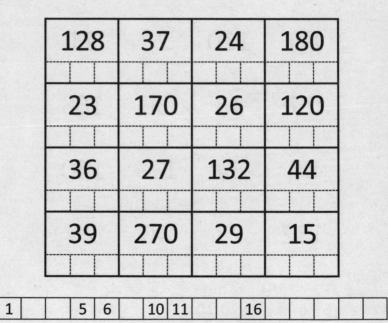

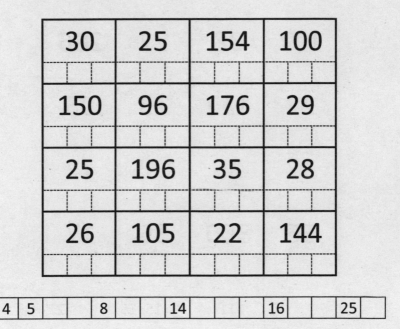

169

| 30 | 25 | 154 | 100 |
|---|---|---|---|
| 150 | 96 | 176 | 29 |
| 25 | 196 | 35 | 28 |
| 26 | 105 | 22 | 144 |

| 4 | 5 | | | 8 | | | 14 | | | | 16 | | | 25 | |
|---|---|---|---|---|---|---|---|---|---|---|---|---|---|---|---|

Difficult

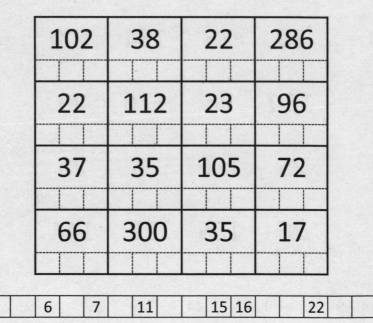

| 102 | 38 | 22 | 286 |
|---|---|---|---|
| 22 | 112 | 23 | 96 |
| 37 | 35 | 105 | 72 |
| 66 | 300 | 35 | 17 |

| | | 6 | | 7 | | 11 | | | 15 | 16 | | | 22 | | |
|---|---|---|---|---|---|---|---|---|---|---|---|---|---|---|---|

# 171

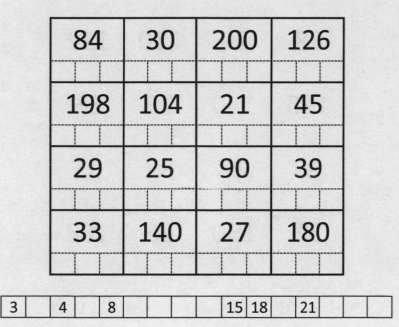

| | | | |
|---|---|---|---|
| 84 | 30 | 200 | 126 |
| 198 | 104 | 21 | 45 |
| 29 | 25 | 90 | 39 |
| 33 | 140 | 27 | 180 |

| | | | | | | | | | | | | | | | |
|---|---|---|---|---|---|---|---|---|---|---|---|---|---|---|---|
| 3 | | 4 | | 8 | | | | | 15 | 18 | | 21 | | | |

Difficult

| 78 | 29 | 210 | 132 |
|---|---|---|---|
| 196 | 130 | 19 | 35 |
| 28 | 23 | 88 | 31 |
| 31 | 150 | 26 | 168 |

| | 5 | | | 10 | | | 12 | | | 14 | | 21 | | | |
|---|---|---|---|---|---|---|---|---|---|---|---|---|---|---|---|

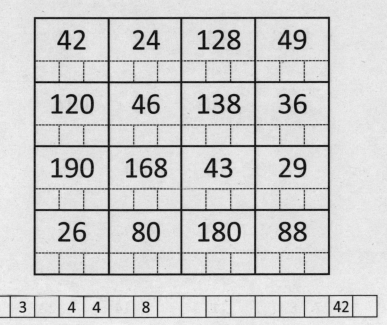

173

| 42 | 24 | 128 | 49 |
|---|---|---|---|
| 120 | 46 | 138 | 36 |
| 190 | 168 | 43 | 29 |
| 26 | 80 | 180 | 88 |

|  | 3 |  | 4 | 4 |  | 8 |  |  |  |  |  |  |  | 42 |  |
|---|---|---|---|---|---|---|---|---|---|---|---|---|---|---|---|

Difficult

| 196 | 84 | 28 | 19 |
|---|---|---|---|
| 26 | 286 | 29 | 144 |
| 78 | 35 | 210 | 96 |
| 88 | 20 | 37 | 25 |

| | 4 | 7 | 8 | | | 11 | | | | 14 | | | 22 | | |
|---|---|---|---|---|---|---|---|---|---|---|---|---|---|---|---|

| 80 | 34 | 21 | 176 |
|---|---|---|---|
| 216 | 138 | 23 | 49 |
| 30 | 29 | 90 | 48 |
| 42 | 189 | 30 | 208 |

| 1 | | | 6 | | 8 | | | 16 | | 21 | | | | | |
|---|---|---|---|---|---|---|---|---|---|---|---|---|---|---|---|

Difficult

176

| | | | |
|---|---|---|---|
| 240 | 108 | 32 | 24 |
| 31 | 16 | 34 | 168 |
| 63 | 38 | 247 | 168 |
| 165 | 26 | 48 | 26 |

| | | | | | | | | | | | | | | | |
|---|---|---|---|---|---|---|---|---|---|---|---|---|---|---|---|
| | | 6 | 7 | | | | 12 | 13 | | | | | 24 | 24 | |

177

| 52 | 32 | 240 | 96 |
|---|---|---|---|
| 192 | 75 | 288 | 41 |
| 28 | 20 | 66 | 35 |
| 34 | 100 | 25 | 114 |

| 2 | | 4 | | | 8 | | | | | | 24 | 24 | | | |
|---|---|---|---|---|---|---|---|---|---|---|---|---|---|---|---|

Difficult

| | | | |
|---|---|---|---|
| 112 | 34 | 24 | 168 |
| 22 | 150 | 29 | 108 |
| 32 | 31 | 135 | 96 |
| 35 | 210 | 31 | 240 |

| | | | | | | | | | | | | | | | |
|---|---|---|---|---|---|---|---|---|---|---|---|---|---|---|---|
| | 5 | 6 | 6 | | | | 10 | | | | | 24 | | | |

179

| | | | |
|---|---|---|---|
| 29 | 225 | 88 | 34 |
| 54 | 33 | 98 | 26 |
| 200 | 168 | 30 | 21 |
| 230 | 46 | 168 | 51 |

| | | | | | | | | | | | | | | | |
|---|---|---|---|---|---|---|---|---|---|---|---|---|---|---|---|
| 2 | 2 | | 8 | | | 10 | | | | | | | 25 | | |

Difficult

| | | | |
|---|---|---|---|
| 136 | 39 | 29 | 216 |
| 25 | 208 | 30 | 120 |
| 38 | 34 | 198 | 105 |
| 66 | 224 | 35 | 22 |

| | | | | | | | | | | | | | | | |
|---|---|---|---|---|---|---|---|---|---|---|---|---|---|---|---|
| | | 7 | 8 | 8 | | | 12 | | | | 18 | | | | |

**181**

| | | | |
|---|---|---|---|
| 34 | 29 | 200 | 132 |
| 189 | 126 | 208 | 33 |
| 28 | 23 | 120 | 30 |
| 29 | 162 | 27 | 180 |

| | | | | | | | | | | | | | | | |
|---|---|---|---|---|---|---|---|---|---|---|---|---|---|---|---|
| | 6 | | | | 10 | | 12 | | | 18 | | | | 27 | |

Difficult

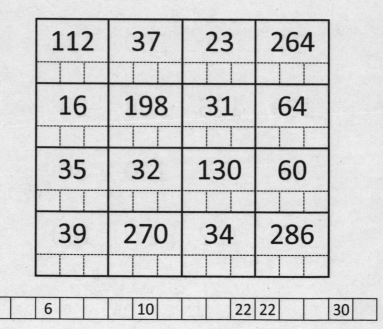

| 112 | 37 | 23 | 264 |
|---|---|---|---|
| 16 | 198 | 31 | 64 |
| 35 | 32 | 130 | 60 |
| 39 | 270 | 34 | 286 |

| | | 6 | | | | 10 | | | | 22 | 22 | | | 30 | |
|---|---|---|---|---|---|---|---|---|---|---|---|---|---|---|---|

| 117 | 42 | 22 | 184 |
|---|---|---|---|
| 264 | 130 | 23 | 96 |
| 34 | 30 | 120 | 50 |
| 50 | 216 | 31 | 225 |

| 2 | | 6 | | | 9 | 10 | | 13 | | | | | | | |
|---|---|---|---|---|---|---|---|---|---|---|---|---|---|---|---|

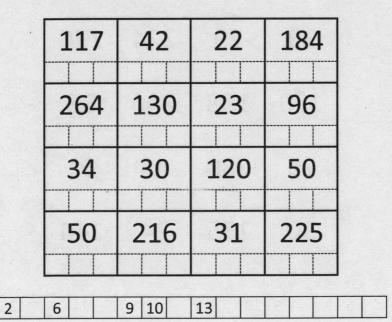

## 184

| | | | |
|---|---|---|---|
| 39 | 29 | 224 | 120 |
| 190 | 108 | 240 | 38 |
| 26 | 280 | 43 | 31 |
| 30 | 135 | 24 | 144 |

| | | | | | | | | | | | | | | | |
|---|---|---|---|---|---|---|---|---|---|---|---|---|---|---|---|
| | 5 | | | 9 | 10 | | 15 | | | | | 24 | | | 38 |

## 185

| | | | |
|---|---|---|---|
| 156 | 96 | 35 | 320 |
| 32 | 286 | 37 | 135 |
| 48 | 41 | 210 | 117 |
| 114 | 22 | 42 | 25 |

| | | | | | | | | | | | | | | | |
|---|---|---|---|---|---|---|---|---|---|---|---|---|---|---|---|
| 3 | 3 | | 6 | | | | | 13 | | | | | 32 | 35 | |

Difficult

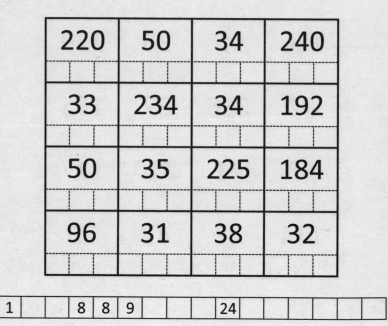

| 220 | 50 | 34 | 240 |
|---|---|---|---|
| 33 | 234 | 34 | 192 |
| 50 | 35 | 225 | 184 |
| 96 | 31 | 38 | 32 |

| 1 | | | 8 | 8 | 9 | | | | 24 | | | | | | |
|---|---|---|---|---|---|---|---|---|---|---|---|---|---|---|---|

187

| 90 | 41 | 21 | 176 |
|---|---|---|---|
| 390 | 104 | 27 | 72 |
| 38 | 30 | 98 | 51 |
| 47 | 270 | 33 | 280 |

| | 2 | | 8 | | | | 15 | 15 | | | | 26 | | 45 | |
|---|---|---|---|---|---|---|---|---|---|---|---|---|---|---|---|

Difficult

# 188

| | | | |
|---|---|---|---|
| 25 | 210 | 41 | 30 |
| 35 | 29 | 120 | 264 |
| 210 | 144 | 26 | 234 |
| 216 | 31 | 154 | 34 |

| | | | | | | | | | | | | | | | |
|---|---|---|---|---|---|---|---|---|---|---|---|---|---|---|---|
| | | 8 | | 11 | | | | 14 | | | | 18 | | 30 | |

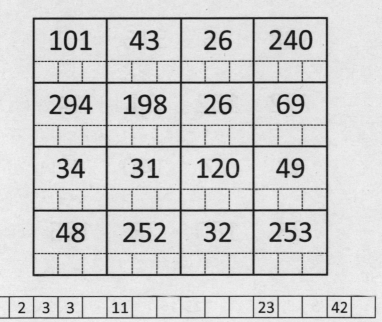

189

| | | | |
|---|---|---|---|
| 101 | 43 | 26 | 240 |
| 294 | 198 | 26 | 69 |
| 34 | 31 | 120 | 49 |
| 48 | 252 | 32 | 253 |

| | | | | | | | | | | | | | | | |
|---|---|---|---|---|---|---|---|---|---|---|---|---|---|---|---|
| | 2 | 3 | 3 | | 11 | | | | | | 23 | | | 42 | |

Difficult

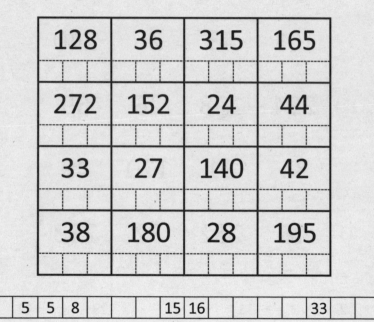

| | | | |
|---|---|---|---|
| 128 | 36 | 315 | 165 |
| 272 | 152 | 24 | 44 |
| 33 | 27 | 140 | 42 |
| 38 | 180 | 28 | 195 |

| | | | | | | | | | | | | | | | |
|---|---|---|---|---|---|---|---|---|---|---|---|---|---|---|---|
| | 5 | 5 | 8 | | | | 15 | 16 | | | | | 33 | | |

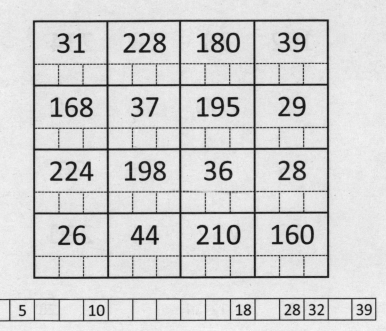

**191**

| | | | |
|---|---|---|---|
| 31 | 228 | 180 | 39 |
| 168 | 37 | 195 | 29 |
| 224 | 198 | 36 | 28 |
| 26 | 44 | 210 | 160 |

| | | | | | | | | | | | | | | | |
|---|---|---|---|---|---|---|---|---|---|---|---|---|---|---|---|
| | 5 | | | 10 | | | | | | 18 | | 28 | 32 | | 39 |

**Difficult**

## 192

| | | | |
|---|---|---|---|
| 192 | 38 | 28 | 234 |
| 22 | 200 | 32 | 120 |
| 35 | 33 | 196 | 96 |
| 45 | 252 | 34 | 280 |

| | | | | | | | | | | | | | | | |
|---|---|---|---|---|---|---|---|---|---|---|---|---|---|---|---|
| | | | 8 | | 10 | 12 | 14 | | | | | | 28 | | |

| | | | |
|---|---|---|---|
| 29 | 216 | 108 | 33 |
| 42 | 31 | 168 | 29 |
| 210 | 189 | 30 | 272 |
| 224 | 34 | 208 | 39 |

| | | | | | | | | | | | | | | | |
|---|---|---|---|---|---|---|---|---|---|---|---|---|---|---|---|
| | | 7 | 8 | | | | | | 16 | | 21 | | | | 36 |

Difficult

| | | | |
|---|---|---|---|
| 272 | 47 | 38 | 352 |
| 36 | 320 | 42 | 240 |
| 47 | 43 | 280 | 90 |
| 68 | 21 | 46 | 33 |

| | | | | | | | | | | | | | | | |
|---|---|---|---|---|---|---|---|---|---|---|---|---|---|---|---|
| | 3 | | | | 8 | | | | | 30 | | 32 | 34 | 40 | |

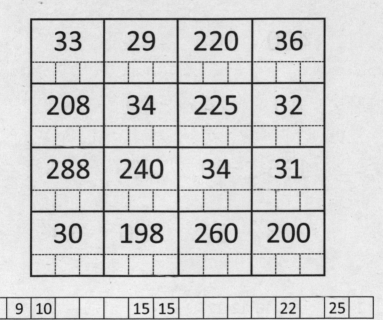

## 195

| | | | |
|---|---|---|---|
| 33 | 29 | 220 | 36 |
| 208 | 34 | 225 | 32 |
| 288 | 240 | 34 | 31 |
| 30 | 198 | 260 | 200 |

| | | | | | | | | | | | | | | | |
|---|---|---|---|---|---|---|---|---|---|---|---|---|---|---|---|
| | 9 | 10 | | | | 15 | 15 | | | | | 22 | | 25 | |

Difficult

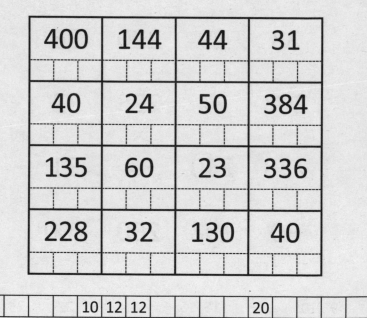

| | | | |
|---|---|---|---|
| 400 | 144 | 44 | 31 |
| 40 | 24 | 50 | 384 |
| 135 | 60 | 23 | 336 |
| 228 | 32 | 130 | 40 |

| | | | | | | | | | | | | | | | |
|---|---|---|---|---|---|---|---|---|---|---|---|---|---|---|---|
| 2 | | | | 10 | 12 | 12 | | | | | 20 | | | | |

197

| | | | |
|---|---|---|---|
| 28 | 297 | 78 | 42 |
| 75 | 42 | 117 | 22 |
| 296 | 150 | 38 | 441 |
| 432 | 57 | 152 | 72 |

| | | | | | | | | | | | | | | | |
|---|---|---|---|---|---|---|---|---|---|---|---|---|---|---|---|
| 2 | 2 | | 3 | | 9 | 9 | | | | 25 | | | | | |

Difficult

# 198

| | | | |
|---|---|---|---|
| 29 | 300 | 53 | 37 |
| 43 | 35 | 150 | 330 |
| 286 | 198 | 31 | 322 |
| 306 | 37 | 204 | 40 |

| | | | | | | | | | | | | | | | |
|---|---|---|---|---|---|---|---|---|---|---|---|---|---|---|---|
| | 9 | | 10 | 11 | 12 | | | | 18 | | | | | | |

| 35 | 378 | 260 | 39 |
|---|---|---|---|
| 252 | 37 | 264 | 34 |
| 330 | 300 | 36 | 33 |
| 32 | 41 | 308 | 240 |

| 10 | | | | | | | 18 | | 20 | 21 | | 24 | | | |
|---|---|---|---|---|---|---|---|---|---|---|---|---|---|---|---|

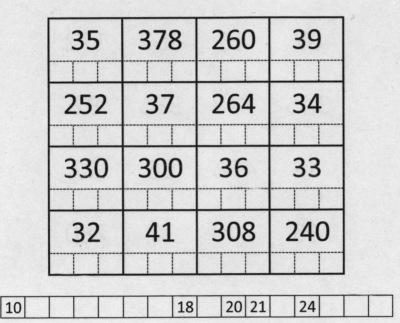

Difficult

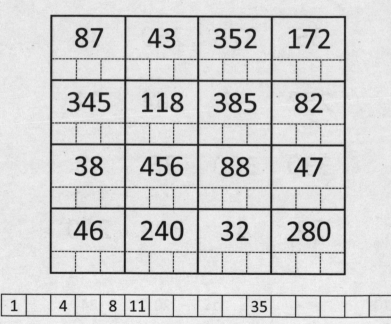

| 87 | 43 | 352 | 172 |
|---|---|---|---|
| 345 | 118 | 385 | 82 |
| 38 | 456 | 88 | 47 |
| 46 | 240 | 32 | 280 |

| 1 | | 4 | | 8 | 11 | | | | | 35 | | | | | |
|---|---|---|---|---|---|---|---|---|---|---|---|---|---|---|---|

# Solutions

**The Sunday Times Tetonor**

**1**

| | | | |
|---|---|---|---|
| 25 | 19 | 80 | 63 |
| 3 + 22 | 7 + 12 | 4 x 20 | 7 x 9 |
| 75 | 52 | 84 | 24 |
| 3 x 25 | 4 x 13 | 7 x 12 | 4 + 20 |
| 17 | 90 | 28 | 21 |
| 4 + 13 | 6 x 15 | 3 + 25 | 6 + 15 |
| 20 | 64 | 16 | 66 |
| 4 + 16 | 4 x 16 | 7 + 9 | 3 x 22 |

| 3 | 3 | 4 | 4 | 4 | 6 | 7 | 7 | 9 | 12 | 13 | 15 | 16 | 20 | 22 | 25 |
|---|---|---|---|---|---|---|---|---|---|---|---|---|---|---|---|

**2**

| | | | |
|---|---|---|---|
| 60 | 23 | 13 | 6 |
| 3 x 20 | 3 + 20 | 1 + 12 | 1 x 6 |
| 12 | 112 | 17 | 48 |
| 1 x 12 | 8 x 14 | 2 + 15 | 3 x 16 |
| 22 | 18 | 105 | 30 |
| 8 + 14 | 3 x 6 | 5 x 21 | 2 x 15 |
| 26 | 7 | 19 | 9 |
| 5 + 21 | 1 + 6 | 3 + 16 | 3 + 6 |

| 1 | 1 | 2 | 3 | 3 | 3 | 5 | 6 | 6 | 8 | 12 | 14 | 15 | 16 | 20 | 21 |
|---|---|---|---|---|---|---|---|---|---|---|---|---|---|---|---|

**3**

| | | | |
|---|---|---|---|
| 25 | 13 | 72 | 30 |
| 5 + 20 | 3 + 10 | 4 x 18 | 3 x 10 |
| 69 | 29 | 100 | 24 |
| 3 x 23 | 2 + 27 | 5 x 20 | 3 x 8 |
| 11 | 9 | 26 | 22 |
| 3 + 8 | 1 x 9 | 3 + 23 | 4 + 18 |
| 15 | 36 | 10 | 54 |
| 3 + 12 | 3 x 12 | 1 + 9 | 2 x 27 |

| 1 | 2 | 3 | 3 | 3 | 3 | 4 | 5 | 8 | 9 | 10 | 12 | 18 | 20 | 23 | 27 |
|---|---|---|---|---|---|---|---|---|---|---|---|---|---|---|---|

**4**

| | | | |
|---|---|---|---|
| 76 | 25 | 16 | 7 |
| 4 x 19 | 1 + 24 | 5 + 11 | 3 + 4 |
| 14 | 144 | 21 | 55 |
| 3 + 11 | 8 x 18 | 7 + 14 | 5 x 11 |
| 25 | 23 | 98 | 33 |
| 5 x 5 | 4 + 19 | 7 x 14 | 3 x 11 |
| 26 | 10 | 24 | 12 |
| 8 + 18 | 5 + 5 | 1 x 24 | 3 x 4 |

| 1 | 3 | 3 | 4 | 4 | 5 | 5 | 5 | 7 | 8 | 11 | 11 | 14 | 18 | 19 | 24 |
|---|---|---|---|---|---|---|---|---|---|---|---|---|---|---|---|

## 5

| 28 | 22 | 95 | 50 |
|---|---|---|---|
| 2 + 26 | 1 + 21 | 5 x 19 | 2 x 25 |
| 78 | 45 | 15 | 27 |
| 3 x 26 | 3 x 15 | 2 + 13 | 2 + 25 |
| 21 | 17 | 29 | 26 |
| 1 x 21 | 8 + 9 | 3 + 26 | 2 x 13 |
| 24 | 52 | 18 | 72 |
| 5 + 19 | 2 x 26 | 3 + 15 | 8 x 9 |

| 1 | 2 | 2 | 2 | 3 | 3 | 5 | 8 | 9 | 13 | 15 | 19 | 21 | 25 | 26 | 26 |
|---|---|---|---|---|---|---|---|---|---|---|---|---|---|---|---|

## 6

| 30 | 19 | 7 | 60 |
|---|---|---|---|
| 3 x 10 | 4 + 15 | 2 + 5 | 4 x 15 |
| 133 | 42 | 10 | 26 |
| 7 x 19 | 6 x 7 | 2 x 5 | 7 + 19 |
| 17 | 13 | 40 | 22 |
| 7 + 10 | 6 + 7 | 2 x 20 | 2 + 20 |
| 20 | 70 | 13 | 99 |
| 9 + 11 | 7 x 10 | 3 + 10 | 9 x 11 |

| 2 | 2 | 3 | 4 | 5 | 6 | 7 | 7 | 7 | 9 | 10 | 10 | 11 | 15 | 19 | 20 |
|---|---|---|---|---|---|---|---|---|---|---|---|---|---|---|---|

## 7

| 13 | 54 | 26 | 22 |
|---|---|---|---|
| 4 + 9 | 2 x 27 | 1 x 26 | 1 x 22 |
| 25 | 20 | 27 | 126 |
| 7 + 18 | 10 + 10 | 1 + 26 | 7 x 18 |
| 50 | 29 | 15 | 120 |
| 5 x 10 | 2 + 27 | 5 + 10 | 8 x 15 |
| 100 | 23 | 36 | 23 |
| 10 x 10 | 1 + 22 | 4 x 9 | 8 + 15 |

| 1 | 1 | 2 | 4 | 5 | 7 | 8 | 9 | 10 | 10 | 10 | 15 | 18 | 22 | 26 | 27 |
|---|---|---|---|---|---|---|---|---|---|---|---|---|---|---|---|

## 8

| 19 | 108 | 70 | 23 |
|---|---|---|---|
| 9 + 10 | 9 x 12 | 7 x 10 | 4 + 19 |
| 56 | 21 | 72 | 18 |
| 7 x 8 | 9 + 12 | 6 x 12 | 6 + 12 |
| 90 | 76 | 21 | 17 |
| 9 x 10 | 4 x 19 | 5 + 16 | 7 + 10 |
| 15 | 24 | 80 | 44 |
| 7 + 8 | 2 + 22 | 5 x 16 | 2 x 22 |

| 2 | 4 | 5 | 6 | 7 | 7 | 8 | 9 | 9 | 10 | 10 | 12 | 12 | 16 | 19 | 22 |
|---|---|---|---|---|---|---|---|---|---|---|---|---|---|---|---|

## 9

| 90 | 26 | 21 | 144 |
|---|---|---|---|
| 5 x 18 | 2 + 24 | 9 + 12 | 12 x 12 |
| 19 | 108 | 22 | 60 |
| 4 + 15 | 9 x 12 | 7 + 15 | 4 x 15 |
| 24 | 22 | 105 | 48 |
| 12 + 12 | 2 x 11 | 7 x 15 | 2 x 24 |
| 30 | 13 | 23 | 17 |
| 2 x 15 | 2 + 11 | 5 + 18 | 2 + 15 |

| 2 | 2 | 2 | 4 | 5 | 7 | 9 | 11 | 12 | 12 | 12 | 15 | 15 | 15 | 18 | 24 |
|---|---|---|---|---|---|---|---|---|---|---|---|---|---|---|---|

## 10

| 17 | 90 | 42 | 21 |
|---|---|---|---|
| 3 + 14 | 5 x 18 | 3 x 14 | 2 + 19 |
| 38 | 19 | 43 | 16 |
| 2 x 19 | 5 + 14 | 3 + 40 | 5 + 11 |
| 70 | 55 | 18 | 133 |
| 5 x 14 | 5 x 11 | 5 + 13 | 7 x 19 |
| 120 | 23 | 65 | 26 |
| 3 x 40 | 5 + 18 | 5 x 13 | 7 + 19 |

| 2 | 3 | 3 | 5 | 5 | 5 | 5 | 7 | 11 | 13 | 14 | 14 | 18 | 19 | 19 | 40 |
|---|---|---|---|---|---|---|---|---|---|---|---|---|---|---|---|

## 11

| 70 | 45 | 17 | 195 |
|---|---|---|---|
| 5 x 14 | 3 x 15 | 8 + 9 | 13 x 15 |
| 16 | 108 | 18 | 60 |
| 6 + 10 | 9 x 12 | 3 + 15 | 6 x 10 |
| 28 | 19 | 72 | 50 |
| 13 + 15 | 5 + 14 | 8 x 9 | 5 x 10 |
| 48 | 14 | 21 | 15 |
| 6 x 8 | 6 + 8 | 9 + 12 | 5 + 10 |

| 3 | 5 | 5 | 6 | 6 | 8 | 8 | 9 | 9 | 10 | 10 | 12 | 13 | 14 | 15 | 15 |
|---|---|---|---|---|---|---|---|---|---|---|---|---|---|---|---|

## 12

| 25 | 18 | 100 | 30 |
|---|---|---|---|
| 5 + 20 | 2 x 9 | 5 x 20 | 2 x 15 |
| 85 | 29 | 120 | 23 |
| 5 x 17 | 5 + 24 | 5 x 24 | 2 + 21 |
| 17 | 154 | 29 | 22 |
| 2 + 15 | 7 x 22 | 7 + 22 | 5 + 17 |
| 19 | 42 | 11 | 78 |
| 6 + 13 | 2 x 21 | 2 + 9 | 6 x 13 |

| 2 | 2 | 2 | 5 | 5 | 5 | 6 | 7 | 9 | 13 | 15 | 17 | 20 | 21 | 22 | 24 |
|---|---|---|---|---|---|---|---|---|---|---|---|---|---|---|---|

## 13

| | | | |
|---|---|---|---|
| 121 | 40 | 22 | 13 |
| 11 x 11 | 4 x 10 | 11 + 11 | 3 + 10 |
| 17 | 150 | 24 | 95 |
| 5 + 12 | 6 x 25 | 5 + 19 | 5 x 19 |
| 31 | 28 | 147 | 60 |
| 6 + 25 | 7 + 21 | 7 x 21 | 5 x 12 |
| 48 | 14 | 30 | 16 |
| 4 x 12 | 4 + 10 | 3 x 10 | 4 + 12 |

| 3 | 4 | 4 | 5 | 5 | 6 | 7 | 10 | 10 | 11 | 11 | 12 | 12 | 19 | 21 | 25 |
|---|---|---|---|---|---|---|---|---|---|---|---|---|---|---|---|

## 14

| | | | |
|---|---|---|---|
| 17 | 90 | 26 | 21 |
| 4 + 13 | 6 x 15 | 4 + 22 | 6 + 15 |
| 24 | 20 | 52 | 108 |
| 6 + 18 | 8 + 12 | 4 x 13 | 6 x 18 |
| 88 | 80 | 19 | 105 |
| 4 x 22 | 5 x 16 | 7 + 12 | 7 x 15 |
| 96 | 21 | 84 | 22 |
| 8 x 12 | 5 + 16 | 7 x 12 | 7 + 15 |

| 4 | 4 | 5 | 6 | 6 | 7 | 7 | 8 | 12 | 12 | 13 | 15 | 15 | 16 | 18 | 22 |
|---|---|---|---|---|---|---|---|---|---|---|---|---|---|---|---|

## 15

| | | | |
|---|---|---|---|
| 25 | 14 | 105 | 30 |
| 3 + 22 | 2 x 7 | 7 x 15 | 5 + 25 |
| 70 | 28 | 120 | 22 |
| 5 x 14 | 7 + 21 | 6 x 20 | 7 + 15 |
| 9 | 125 | 26 | 21 |
| 2 + 7 | 5 x 25 | 6 + 20 | 3 + 18 |
| 19 | 54 | 147 | 66 |
| 5 + 14 | 3 x 18 | 7 x 21 | 3 x 22 |

| 2 | 3 | 3 | 5 | 5 | 6 | 7 | 7 | 7 | 14 | 15 | 18 | 20 | 21 | 22 | 25 |
|---|---|---|---|---|---|---|---|---|---|---|---|---|---|---|---|

## 16

| | | | |
|---|---|---|---|
| 125 | 60 | 28 | 19 |
| 5 x 25 | 3 x 20 | 2 x 14 | 9 + 10 |
| 27 | 16 | 29 | 120 |
| 3 + 24 | 2 + 14 | 8 + 21 | 8 x 15 |
| 34 | 30 | 168 | 90 |
| 1 + 33 | 5 + 25 | 8 x 21 | 9 x 10 |
| 72 | 23 | 33 | 23 |
| 3 x 24 | 3 + 20 | 1 x 33 | 8 + 15 |

| 1 | 2 | 3 | 3 | 5 | 8 | 8 | 9 | 10 | 14 | 15 | 20 | 21 | 24 | 25 | 33 |
|---|---|---|---|---|---|---|---|---|---|---|---|---|---|---|---|

## 17

| 60<br>3 x 20 | 31<br>5 + 26 | 17<br>8 + 9 | 84<br>7 x 12 |
|---|---|---|---|
| 182<br>13 x 14 | 72<br>8 x 9 | 19<br>7 + 12 | 35<br>2 + 33 |
| 27<br>13 + 14 | 19<br>2 + 17 | 66<br>2 x 33 | 34<br>2 x 17 |
| 33<br>3 + 30 | 90<br>3 x 30 | 23<br>3 + 20 | 130<br>5 x 26 |

| 2 | 2 | 3 | 3 | 5 | 7 | 8 | 9 | 12 | 13 | 14 | 17 | 20 | 26 | 30 | 33 |
|---|---|---|---|---|---|---|---|---|---|---|---|---|---|---|---|

## 18

| 45<br>5 x 9 | 21<br>5 + 16 | 190<br>10 x 19 | 80<br>5 x 16 |
|---|---|---|---|
| 165<br>11 x 15 | 56<br>4 x 14 | 14<br>5 + 9 | 29<br>10 + 19 |
| 20<br>7 + 13 | 15<br>6 + 9 | 54<br>6 x 9 | 26<br>11 + 15 |
| 24<br>5 + 19 | 91<br>7 x 13 | 18<br>4 + 14 | 95<br>5 x 19 |

| 4 | 5 | 5 | 5 | 6 | 7 | 9 | 9 | 10 | 11 | 13 | 14 | 15 | 16 | 19 | 19 |
|---|---|---|---|---|---|---|---|---|---|---|---|---|---|---|---|

## 19

| 23<br>8 + 15 | 19<br>5 + 14 | 96<br>6 x 16 | 72<br>8 x 9 |
|---|---|---|---|
| 90<br>6 x 15 | 70<br>5 x 14 | 120<br>8 x 15 | 22<br>6 + 16 |
| 18<br>8 + 10 | 180<br>9 x 20 | 29<br>9 + 20 | 21<br>6 + 15 |
| 20<br>6 + 14 | 80<br>8 x 10 | 17<br>8 + 9 | 84<br>6 x 14 |

| 5 | 6 | 6 | 6 | 8 | 8 | 8 | 9 | 9 | 10 | 14 | 14 | 15 | 15 | 16 | 20 |
|---|---|---|---|---|---|---|---|---|---|---|---|---|---|---|---|

## 20

| 120<br>6 x 20 | 65<br>5 x 13 | 26<br>6 + 20 | 17<br>5 + 12 |
|---|---|---|---|
| 23<br>7 + 16 | 16<br>4 + 12 | 29<br>3 + 26 | 112<br>7 x 16 |
| 60<br>5 x 12 | 33<br>10 + 23 | 230<br>10 x 23 | 78<br>3 x 26 |
| 72<br>4 x 18 | 18<br>5 + 13 | 48<br>4 x 12 | 22<br>4 + 18 |

| 3 | 4 | 4 | 5 | 5 | 6 | 7 | 10 | 12 | 12 | 13 | 16 | 18 | 20 | 23 | 26 |
|---|---|---|---|---|---|---|---|---|---|---|---|---|---|---|---|

## 21

| 176 | 36 | 25 | 10 |
|---|---|---|---|
| 11 x 16 | 2 x 18 | 5 x 5 | 5 + 5 |
| 20 | 216 | 27 | 96 |
| 2 + 18 | 12 x 18 | 11 + 16 | 4 x 24 |
| 35 | 28 | 180 | 50 |
| 5 x 7 | 4 + 24 | 6 x 30 | 5 x 10 |
| 36 | 12 | 30 | 15 |
| 6 + 30 | 5 + 7 | 12 + 18 | 5 + 10 |

| 2 | 4 | 5 | 5 | 5 | 5 | 6 | 7 | 10 | 11 | 12 | 16 | 18 | 18 | 24 | 30 |
|---|---|---|---|---|---|---|---|---|---|---|---|---|---|---|---|

## 22

| 28 | 13 | 140 | 36 |
|---|---|---|---|
| 8 + 20 | 4 + 9 | 5 x 28 | 4 x 9 |
| 48 | 33 | 160 | 27 |
| 2 x 24 | 5 + 28 | 8 x 20 | 12 + 15 |
| 12 | 170 | 32 | 26 |
| 4 + 8 | 5 x 34 | 4 x 8 | 2 + 24 |
| 14 | 39 | 180 | 40 |
| 4 + 10 | 5 + 34 | 12 x 15 | 4 x 10 |

| 2 | 4 | 4 | 4 | 5 | 5 | 8 | 8 | 9 | 10 | 12 | 15 | 20 | 24 | 28 | 34 |
|---|---|---|---|---|---|---|---|---|---|---|---|---|---|---|---|

## 23

| 99 | 36 | 25 | 210 |
|---|---|---|---|
| 3 x 33 | 3 + 33 | 10 + 15 | 14 x 15 |
| 20 | 150 | 27 | 96 |
| 10 + 10 | 10 x 15 | 3 x 9 | 3 x 32 |
| 35 | 29 | 100 | 62 |
| 3 + 32 | 14 + 15 | 10 x 10 | 2 x 31 |
| 55 | 12 | 33 | 16 |
| 5 x 11 | 3 + 9 | 2 + 31 | 5 + 11 |

| 2 | 3 | 3 | 3 | 5 | 9 | 10 | 10 | 10 | 11 | 14 | 15 | 15 | 31 | 32 | 33 |
|---|---|---|---|---|---|---|---|---|---|---|---|---|---|---|---|

## 24

| 20 | 144 | 64 | 27 |
|---|---|---|---|
| 8 + 12 | 12 x 12 | 8 x 8 | 5 + 22 |
| 60 | 24 | 88 | 19 |
| 3 x 20 | 12 + 12 | 8 x 11 | 8 + 11 |
| 132 | 96 | 23 | 16 |
| 6 x 22 | 8 x 12 | 3 + 20 | 8 + 8 |
| 150 | 28 | 110 | 31 |
| 6 x 25 | 6 + 22 | 5 x 22 | 6 + 25 |

| 3 | 5 | 6 | 6 | 8 | 8 | 8 | 8 | 11 | 12 | 12 | 12 | 20 | 22 | 22 | 25 |
|---|---|---|---|---|---|---|---|---|---|---|---|---|---|---|---|

## 25

| | | | |
|---|---|---|---|
| 21<br>9 + 12 | 135<br>9 x 15 | 80<br>8 x 10 | 27<br>11 + 16 |
| 60<br>2 x 30 | 24<br>9 + 15 | 81<br>3 x 27 | 21<br>10 + 11 |
| 110<br>10 x 11 | 90<br>5 x 18 | 23<br>5 + 18 | 18<br>8 + 10 |
| 176<br>11 x 16 | 30<br>3 + 27 | 108<br>9 x 12 | 32<br>2 + 30 |

| | | | | | | | | | | | | | | | |
|---|---|---|---|---|---|---|---|---|---|---|---|---|---|---|---|
| 2 | 3 | 5 | 8 | 9 | 9 | 10 | 10 | 11 | 11 | 12 | 15 | 16 | 18 | 27 | 30 |

## 26

| | | | |
|---|---|---|---|
| 120<br>10 x 12 | 84<br>6 x 14 | 22<br>6 + 16 | 18<br>7 + 11 |
| 22<br>10 + 12 | 162<br>9 x 18 | 23<br>7 + 16 | 112<br>7 x 16 |
| 77<br>7 x 11 | 24<br>9 + 15 | 135<br>9 x 15 | 96<br>6 x 16 |
| 90<br>9 x 10 | 19<br>9 + 10 | 27<br>9 + 18 | 20<br>6 + 14 |

| | | | | | | | | | | | | | | | |
|---|---|---|---|---|---|---|---|---|---|---|---|---|---|---|---|
| 6 | 6 | 7 | 7 | 9 | 9 | 9 | 10 | 10 | 11 | 12 | 14 | 15 | 16 | 16 | 18 |

## 27

| | | | |
|---|---|---|---|
| 100<br>5 x 20 | 84<br>6 x 14 | 25<br>5 + 20 | 150<br>6 x 25 |
| 24<br>5 + 19 | 120<br>5 x 24 | 27<br>4 + 23 | 95<br>5 x 19 |
| 32<br>4 + 28 | 29<br>5 + 24 | 112<br>4 x 28 | 92<br>4 x 23 |
| 90<br>6 x 15 | 20<br>6 + 14 | 31<br>6 + 25 | 21<br>6 + 15 |

| | | | | | | | | | | | | | | | |
|---|---|---|---|---|---|---|---|---|---|---|---|---|---|---|---|
| 4 | 4 | 5 | 5 | 5 | 6 | 6 | 6 | 14 | 15 | 19 | 20 | 23 | 24 | 25 | 28 |

## 28

| | | | |
|---|---|---|---|
| 23<br>9 + 14 | 19<br>7 + 12 | 108<br>6 x 18 | 27<br>7 + 20 |
| 96<br>8 x 12 | 24<br>6 + 18 | 112<br>8 x 14 | 22<br>8 + 14 |
| 140<br>7 x 20 | 120<br>8 x 15 | 23<br>8 + 15 | 21<br>6 + 15 |
| 20<br>8 + 12 | 84<br>7 x 12 | 126<br>9 x 14 | 90<br>6 x 15 |

| | | | | | | | | | | | | | | | |
|---|---|---|---|---|---|---|---|---|---|---|---|---|---|---|---|
| 6 | 6 | 7 | 7 | 8 | 8 | 8 | 9 | 12 | 12 | 14 | 14 | 15 | 15 | 18 | 20 |

## 29

| | | | |
|---|---|---|---|
| 190 | 88 | 43 | 26 |
| 10 x 19 | 4 x 22 | 3 + 40 | 12 + 14 |
| 30 | 21 | 45 | 168 |
| 4 + 26 | 3 + 18 | 1 x 45 | 12 x 14 |
| 56 | 46 | 18 | 120 |
| 4 x 14 | 1 + 45 | 4 + 14 | 3 x 40 |
| 104 | 26 | 54 | 29 |
| 4 x 26 | 4 + 22 | 3 x 18 | 10 + 19 |

| 1 | 3 | 3 | 4 | 4 | 4 | 10 | 12 | 14 | 14 | 18 | 19 | 22 | 26 | 40 | 45 |
|---|---|---|---|---|---|---|---|---|---|---|---|---|---|---|---|

## 30

| | | | |
|---|---|---|---|
| 32 | 23 | 175 | 42 |
| 7 + 25 | 2 + 21 | 7 x 25 | 3 x 14 |
| 136 | 42 | 196 | 30 |
| 4 x 34 | 2 x 21 | 14 x 14 | 3 x 10 |
| 22 | 13 | 38 | 28 |
| 8 + 14 | 3 + 10 | 4 + 34 | 14 + 14 |
| 26 | 112 | 17 | 133 |
| 7 + 19 | 8 x 14 | 3 + 14 | 7 x 19 |

| 2 | 3 | 3 | 4 | 7 | 7 | 8 | 10 | 14 | 14 | 14 | 14 | 19 | 21 | 25 | 34 |
|---|---|---|---|---|---|---|---|---|---|---|---|---|---|---|---|

## 31

| | | | |
|---|---|---|---|
| 102 | 31 | 23 | 198 |
| 6 x 17 | 9 + 22 | 6 + 17 | 9 x 22 |
| 18 | 180 | 27 | 72 |
| 5 + 13 | 12 x 15 | 3 + 24 | 3 x 24 |
| 30 | 27 | 176 | 65 |
| 8 + 22 | 12 + 15 | 8 x 22 | 5 x 13 |
| 60 | 16 | 28 | 17 |
| 5 x 12 | 2 + 14 | 2 x 14 | 5 + 12 |

| 2 | 3 | 5 | 5 | 6 | 8 | 9 | 12 | 12 | 13 | 14 | 15 | 17 | 22 | 22 | 24 |
|---|---|---|---|---|---|---|---|---|---|---|---|---|---|---|---|

## 32

| | | | |
|---|---|---|---|
| 29 | 22 | 130 | 34 |
| 4 + 25 | 1 + 21 | 5 x 26 | 7 + 27 |
| 120 | 32 | 175 | 24 |
| 8 x 15 | 7 + 25 | 7 x 25 | 6 + 18 |
| 22 | 189 | 31 | 23 |
| 1 x 22 | 7 x 27 | 5 + 26 | 1 + 22 |
| 23 | 100 | 21 | 108 |
| 8 + 15 | 4 x 25 | 1 x 21 | 6 x 18 |

| 1 | 1 | 4 | 5 | 6 | 7 | 7 | 8 | 15 | 18 | 21 | 22 | 25 | 25 | 26 | 27 |
|---|---|---|---|---|---|---|---|---|---|---|---|---|---|---|---|

## 33

| 33<br>10 + 23 | 15<br>6 + 9 | 63<br>7 x 9 | 38<br>1 + 37 |
|---|---|---|---|
| 54<br>6 x 9 | 37<br>1 x 37 | 65<br>5 x 13 | 21<br>6 + 15 |
| 289<br>17 x 17 | 90<br>6 x 15 | 34<br>17 + 17 | 18<br>5 + 13 |
| 16<br>7 + 9 | 50<br>1 x 50 | 230<br>10 x 23 | 51<br>1 + 50 |

| 1 | 1 | 5 | 6 | 6 | 7 | 9 | 9 | 10 | 13 | 15 | 17 | 17 | 23 | 37 | 50 |
|---|---|---|---|---|---|---|---|---|---|---|---|---|---|---|---|

## 34

| 48<br>2 x 24 | 26<br>2 + 24 | 266<br>14 x 19 | 80<br>5 x 16 |
|---|---|---|---|
| 210<br>14 x 15 | 70<br>5 x 14 | 16<br>6 + 10 | 33<br>14 + 19 |
| 23<br>11 + 12 | 19<br>5 + 14 | 60<br>6 x 10 | 29<br>14 + 15 |
| 28<br>8 + 20 | 132<br>11 x 12 | 21<br>5 + 16 | 160<br>8 x 20 |

| 2 | 5 | 5 | 6 | 8 | 10 | 11 | 12 | 14 | 14 | 14 | 15 | 16 | 19 | 20 | 24 |
|---|---|---|---|---|---|---|---|---|---|---|---|---|---|---|---|

## 35

| 88<br>4 x 22 | 26<br>4 + 22 | 19<br>7 + 12 | 135<br>9 x 15 |
|---|---|---|---|
| 160<br>8 x 20 | 132<br>11 x 12 | 23<br>11 + 12 | 84<br>7 x 12 |
| 25<br>7 + 18 | 24<br>9 + 15 | 126<br>7 x 18 | 32<br>6 + 26 |
| 28<br>8 + 20 | 144<br>9 x 16 | 25<br>9 + 16 | 156<br>6 x 26 |

| 4 | 6 | 7 | 7 | 8 | 9 | 9 | 11 | 12 | 12 | 15 | 16 | 18 | 20 | 22 | 26 |
|---|---|---|---|---|---|---|---|---|---|---|---|---|---|---|---|

## 36

| 28<br>8 + 20 | 18<br>6 + 12 | 160<br>8 x 20 | 32<br>4 x 8 |
|---|---|---|---|
| 138<br>6 x 23 | 31<br>11 + 20 | 168<br>12 x 14 | 27<br>12 + 15 |
| 12<br>4 + 8 | 180<br>12 x 15 | 29<br>6 + 23 | 26<br>12 + 14 |
| 20<br>7 + 13 | 72<br>6 x 12 | 220<br>11 x 20 | 91<br>7 x 13 |

| 4 | 6 | 6 | 7 | 8 | 8 | 11 | 12 | 12 | 12 | 13 | 14 | 15 | 20 | 20 | 23 |
|---|---|---|---|---|---|---|---|---|---|---|---|---|---|---|---|

## 37

| | | | |
|---|---|---|---|
| 189 | 36 | 26 | 232 |
| 7 x 27 | 1 + 35 | 3 + 23 | 8 x 29 |
| 21 | 230 | 30 | 84 |
| 3 x 7 | 10 x 23 | 14 + 16 | 7 x 12 |
| 35 | 33 | 224 | 69 |
| 1 x 35 | 10 + 23 | 14 x 16 | 3 x 23 |
| 37 | 10 | 34 | 19 |
| 8 + 29 | 3 + 7 | 7 + 27 | 7 + 12 |

| 1 | 3 | 3 | 7 | 7 | 7 | 8 | 10 | 12 | 14 | 16 | 23 | 23 | 27 | 29 | 35 |
|---|---|---|---|---|---|---|---|---|---|---|---|---|---|---|---|

## 38

| | | | |
|---|---|---|---|
| 20 | 135 | 34 | 24 |
| 10 + 10 | 9 x 15 | 5 + 29 | 9 + 15 |
| 30 | 23 | 100 | 209 |
| 11 + 19 | 8 + 15 | 10 x 10 | 11 x 19 |
| 120 | 105 | 22 | 182 |
| 8 x 15 | 5 x 21 | 8 + 14 | 13 x 14 |
| 145 | 26 | 112 | 27 |
| 5 x 29 | 5 + 21 | 8 x 14 | 13 + 14 |

| 5 | 5 | 8 | 8 | 9 | 10 | 10 | 11 | 13 | 14 | 14 | 15 | 15 | 19 | 21 | 29 |
|---|---|---|---|---|---|---|---|---|---|---|---|---|---|---|---|

## 39

| | | | |
|---|---|---|---|
| 132 | 92 | 42 | 27 |
| 6 x 22 | 2 x 46 | 3 + 39 | 11 + 16 |
| 39 | 180 | 46 | 129 |
| 2 + 37 | 4 x 45 | 3 + 43 | 3 x 43 |
| 74 | 48 | 176 | 117 |
| 2 x 37 | 2 + 46 | 11 x 16 | 3 x 39 |
| 112 | 28 | 49 | 32 |
| 4 x 28 | 6 + 22 | 4 + 45 | 4 + 28 |

| 2 | 2 | 3 | 3 | 4 | 4 | 6 | 11 | 16 | 22 | 28 | 37 | 39 | 43 | 45 | 46 |
|---|---|---|---|---|---|---|---|---|---|---|---|---|---|---|---|

## 40

| | | | |
|---|---|---|---|
| 36 | 28 | 182 | 128 |
| 4 + 32 | 10 + 18 | 7 x 26 | 4 x 32 |
| 180 | 78 | 192 | 33 |
| 10 x 18 | 6 x 13 | 8 x 24 | 7 + 26 |
| 24 | 16 | 55 | 32 |
| 9 + 15 | 5 + 11 | 5 x 11 | 8 + 24 |
| 30 | 135 | 19 | 161 |
| 7 + 23 | 9 x 15 | 6 + 13 | 7 x 23 |

| 4 | 5 | 6 | 7 | 7 | 8 | 9 | 10 | 11 | 13 | 15 | 18 | 23 | 24 | 26 | 32 |
|---|---|---|---|---|---|---|---|---|---|---|---|---|---|---|---|

## 41

| 84 | 35 | 20 | 182 |
|---|---|---|---|
| 7 x 12 | 8 + 27 | 5 + 15 | 7 x 26 |
| 19 | 170 | 27 | 78 |
| 7 + 12 | 10 x 17 | 10 + 17 | 3 x 26 |
| 33 | 28 | 96 | 75 |
| 7 + 26 | 4 + 24 | 4 x 24 | 5 x 15 |
| 39 | 198 | 29 | 216 |
| 6 + 33 | 6 x 33 | 3 + 26 | 8 x 27 |

| 3 | 4 | 5 | 6 | 7 | 7 | 8 | 10 | 12 | 15 | 17 | 24 | 26 | 26 | 27 | 33 |
|---|---|---|---|---|---|---|---|---|---|---|---|---|---|---|---|

## 42

| 60 | 32 | 276 | 110 |
|---|---|---|---|
| 5 x 12 | 8 + 24 | 6 x 46 | 10 x 11 |
| 231 | 76 | 17 | 52 |
| 7 x 33 | 4 x 19 | 5 + 12 | 6 + 46 |
| 29 | 21 | 66 | 40 |
| 6 + 23 | 10 + 11 | 2 x 33 | 7 + 33 |
| 35 | 138 | 23 | 192 |
| 2 + 33 | 6 x 23 | 4 + 19 | 8 x 24 |

| 2 | 4 | 5 | 6 | 6 | 7 | 8 | 10 | 11 | 12 | 19 | 23 | 24 | 33 | 33 | 46 |
|---|---|---|---|---|---|---|---|---|---|---|---|---|---|---|---|

## 43

| 126 | 35 | 25 | 196 |
|---|---|---|---|
| 7 x 18 | 7 + 28 | 7 + 18 | 7 x 28 |
| 20 | 186 | 27 | 84 |
| 6 + 14 | 6 x 31 | 9 + 18 | 6 x 14 |
| 33 | 28 | 162 | 75 |
| 9 + 24 | 3 + 25 | 9 x 18 | 3 x 25 |
| 37 | 208 | 29 | 216 |
| 6 + 31 | 13 x 16 | 13 + 16 | 9 x 24 |

| 3 | 6 | 6 | 7 | 7 | 9 | 9 | 13 | 14 | 16 | 18 | 18 | 24 | 25 | 28 | 31 |
|---|---|---|---|---|---|---|---|---|---|---|---|---|---|---|---|

## 44

| 234 | 104 | 33 | 21 |
|---|---|---|---|
| 13 x 18 | 4 x 26 | 8 + 25 | 6 + 15 |
| 31 | 19 | 35 | 216 |
| 13 + 18 | 7 + 12 | 8 + 27 | 8 x 27 |
| 90 | 40 | 256 | 200 |
| 6 x 15 | 8 + 32 | 8 x 32 | 8 x 25 |
| 192 | 28 | 84 | 30 |
| 12 x 16 | 12 + 16 | 7 x 12 | 4 + 26 |

| 4 | 6 | 7 | 8 | 8 | 8 | 12 | 12 | 13 | 15 | 16 | 18 | 25 | 26 | 27 | 32 |
|---|---|---|---|---|---|---|---|---|---|---|---|---|---|---|---|

## 45

| 189 | 31 | 15 | 210 |
|---|---|---|---|
| 7 x 27 | 10 + 21 | 2 + 13 | 10 x 21 |
| 12 | 208 | 20 | 39 |
| 2 + 10 | 13 x 16 | 2 x 10 | 6 + 33 |
| 30 | 26 | 198 | 34 |
| 14 + 16 | 2 x 13 | 6 x 33 | 9 + 25 |
| 34 | 224 | 29 | 225 |
| 7 + 27 | 14 x 16 | 13 + 16 | 9 x 25 |

| 2 | 2 | 6 | 7 | 9 | 10 | 10 | 13 | 13 | 14 | 16 | 16 | 21 | 25 | 27 | 33 |
|---|---|---|---|---|---|---|---|---|---|---|---|---|---|---|---|

## 46

| 77 | 46 | 17 | 204 |
|---|---|---|---|
| 1 x 77 | 5 + 41 | 4 + 13 | 12 x 17 |
| 240 | 144 | 18 | 72 |
| 5 x 48 | 4 x 36 | 6 + 12 | 6 x 12 |
| 40 | 29 | 78 | 53 |
| 4 + 36 | 12 + 17 | 1 + 77 | 5 + 48 |
| 52 | 205 | 30 | 225 |
| 4 x 13 | 5 x 41 | 15 + 15 | 15 x 15 |

| 1 | 4 | 4 | 5 | 5 | 6 | 12 | 12 | 13 | 15 | 15 | 17 | 36 | 41 | 48 | 77 |
|---|---|---|---|---|---|---|---|---|---|---|---|---|---|---|---|

## 47

| 120 | 29 | 20 | 168 |
|---|---|---|---|
| 8 x 15 | 11 + 18 | 7 + 13 | 12 x 14 |
| 240 | 160 | 23 | 91 |
| 15 x 16 | 10 x 16 | 8 + 15 | 7 x 13 |
| 28 | 26 | 132 | 32 |
| 6 + 22 | 10 + 16 | 6 x 22 | 10 + 22 |
| 31 | 198 | 26 | 220 |
| 15 + 16 | 11 x 18 | 12 + 14 | 10 x 22 |

| 6 | 7 | 8 | 10 | 10 | 11 | 12 | 13 | 14 | 15 | 15 | 16 | 16 | 18 | 22 | 22 |
|---|---|---|---|---|---|---|---|---|---|---|---|---|---|---|---|

## 48

| 111 | 40 | 27 | 162 |
|---|---|---|---|
| 3 x 37 | 3 + 37 | 9 + 18 | 9 x 18 |
| 252 | 140 | 27 | 92 |
| 12 x 21 | 5 x 28 | 4 + 23 | 4 x 23 |
| 33 | 32 | 135 | 49 |
| 12 + 21 | 10 + 22 | 3 x 45 | 4 + 45 |
| 48 | 180 | 33 | 220 |
| 3 + 45 | 4 x 45 | 5 + 28 | 10 x 22 |

| 3 | 3 | 4 | 4 | 5 | 9 | 10 | 12 | 18 | 21 | 22 | 23 | 28 | 37 | 45 | 45 |
|---|---|---|---|---|---|---|---|---|---|---|---|---|---|---|---|

## 49

| 32 | 18 | 171 | 45 |
|---|---|---|---|
| 13 + 19 | 3 + 15 | 9 x 19 | 3 x 15 |
| 154 | 36 | 189 | 30 |
| 11 x 14 | 10 + 26 | 7 x 27 | 2 + 28 |
| 273 | 247 | 34 | 28 |
| 7 x 39 | 13 x 19 | 7 + 27 | 9 + 19 |
| 25 | 46 | 260 | 56 |
| 11 + 14 | 7 + 39 | 10 x 26 | 2 x 28 |

| 2 | 3 | 7 | 7 | 9 | 10 | 11 | 13 | 14 | 15 | 19 | 19 | 26 | 27 | 28 | 39 |
|---|---|---|---|---|---|---|---|---|---|---|---|---|---|---|---|

## 50

| 87 | 41 | 285 | 147 |
|---|---|---|---|
| 3 x 29 | 7 + 34 | 15 x 19 | 3 x 49 |
| 238 | 95 | 24 | 52 |
| 7 x 34 | 5 x 19 | 5 + 19 | 3 + 49 |
| 34 | 28 | 92 | 48 |
| 15 + 19 | 12 + 16 | 2 x 46 | 2 + 46 |
| 46 | 192 | 32 | 205 |
| 5 + 41 | 12 x 16 | 3 + 29 | 5 x 41 |

| 2 | 3 | 3 | 5 | 5 | 7 | 12 | 15 | 16 | 19 | 19 | 29 | 34 | 41 | 46 | 49 |
|---|---|---|---|---|---|---|---|---|---|---|---|---|---|---|---|

## 51

| 55 | 42 | 250 | 99 |
|---|---|---|---|
| 5 + 50 | 5 + 37 | 5 x 50 | 3 x 33 |
| 210 | 84 | 294 | 49 |
| 5 x 42 | 2 x 42 | 14 x 21 | 3 + 46 |
| 40 | 35 | 76 | 47 |
| 2 + 38 | 14 + 21 | 2 x 38 | 5 + 42 |
| 44 | 138 | 36 | 185 |
| 2 + 42 | 3 x 46 | 3 + 33 | 5 x 37 |

| 2 | 2 | 3 | 3 | 5 | 5 | 5 | 14 | 21 | 33 | 37 | 38 | 42 | 42 | 46 | 50 |
|---|---|---|---|---|---|---|---|---|---|---|---|---|---|---|---|

## 52

| 81 | 40 | 384 | 100 |
|---|---|---|---|
| 3 x 27 | 16 + 24 | 16 x 24 | 10 x 10 |
| 364 | 100 | 20 | 66 |
| 7 x 52 | 1 + 99 | 10 + 10 | 2 x 33 |
| 35 | 25 | 99 | 59 |
| 2 + 33 | 6 + 19 | 1 x 99 | 7 + 52 |
| 52 | 114 | 30 | 276 |
| 6 + 46 | 6 x 19 | 3 + 27 | 6 x 46 |

| 1 | 2 | 3 | 6 | 6 | 7 | 10 | 10 | 16 | 19 | 24 | 27 | 33 | 46 | 52 | 99 |
|---|---|---|---|---|---|---|---|---|---|---|---|---|---|---|---|

## 53

| | | | |
|---|---|---|---|
| 37<br>11 + 26 | 28<br>12 + 16 | 252<br>14 x 18 | 136<br>8 x 17 |
| 196<br>7 x 28 | 108<br>9 x 12 | 266<br>7 x 38 | 35<br>7 + 28 |
| 25<br>8 + 17 | 286<br>11 x 26 | 45<br>7 + 38 | 34<br>7 + 27 |
| 32<br>14 + 18 | 189<br>7 x 27 | 21<br>9 + 12 | 192<br>12 x 16 |

| 7 | 7 | 7 | 8 | 9 | 11 | 12 | 12 | 14 | 16 | 17 | 18 | 26 | 27 | 28 | 38 |
|---|---|---|---|---|---|---|---|---|---|---|---|---|---|---|---|

## 54

| | | | |
|---|---|---|---|
| 195<br>5 x 39 | 87<br>3 + 84 | 40<br>2 + 38 | 350<br>5 x 70 |
| 39<br>5 + 34 | 256<br>4 x 64 | 44<br>5 + 39 | 170<br>5 x 34 |
| 76<br>2 x 38 | 68<br>4 + 64 | 252<br>3 x 84 | 160<br>5 x 32 |
| 132<br>4 x 33 | 37<br>5 + 32 | 75<br>5 + 70 | 37<br>4 + 33 |

| 2 | 3 | 4 | 4 | 5 | 5 | 5 | 5 | 32 | 33 | 34 | 38 | 39 | 64 | 70 | 84 |
|---|---|---|---|---|---|---|---|---|---|---|---|---|---|---|---|

## 55

| | | | |
|---|---|---|---|
| 144<br>8 x 18 | 44<br>4 + 40 | 24<br>6 + 18 | 240<br>10 x 24 |
| 22<br>9 + 13 | 216<br>12 x 18 | 26<br>8 + 18 | 117<br>9 x 13 |
| 41<br>16 + 25 | 30<br>12 + 18 | 160<br>4 x 40 | 108<br>6 x 18 |
| 56<br>8 + 48 | 384<br>8 x 48 | 34<br>10 + 24 | 400<br>16 x 25 |

| 4 | 6 | 8 | 8 | 9 | 10 | 12 | 13 | 16 | 18 | 18 | 18 | 24 | 25 | 40 | 48 |
|---|---|---|---|---|---|---|---|---|---|---|---|---|---|---|---|

## 56

| | | | |
|---|---|---|---|
| 286<br>13 x 22 | 192<br>6 x 32 | 38<br>6 + 32 | 32<br>11 + 21 |
| 37<br>5 + 32 | 26<br>3 + 23 | 40<br>10 + 30 | 280<br>14 x 20 |
| 160<br>5 x 32 | 69<br>3 x 23 | 300<br>10 x 30 | 264<br>2 x 132 |
| 231<br>11 x 21 | 34<br>14 + 20 | 134<br>2 + 132 | 35<br>13 + 22 |

| 2 | 3 | 5 | 6 | 10 | 11 | 13 | 14 | 20 | 21 | 22 | 23 | 30 | 32 | 32 | 132 |
|---|---|---|---|---|---|---|---|---|---|---|---|---|---|---|---|

## 57

| | | | |
|---|---|---|---|
| 224 | 35 | 30 | 252 |
| 8 x 28 | 9 + 26 | 9 + 21 | 14 x 18 |
| 288 | 240 | 31 | 189 |
| 12 x 24 | 15 x 16 | 15 + 16 | 9 x 21 |
| 34 | 32 | 234 | 36 |
| 12 + 22 | 14 + 18 | 9 x 26 | 12 + 24 |
| 36 | 260 | 33 | 264 |
| 8 + 28 | 13 x 20 | 13 + 20 | 12 x 22 |

| 8 | 9 | 9 | 12 | 12 | 13 | 14 | 15 | 16 | 18 | 20 | 21 | 22 | 24 | 26 | 28 |
|---|---|---|---|---|---|---|---|---|---|---|---|---|---|---|---|

## 58

| | | | |
|---|---|---|---|
| 37 | 288 | 160 | 42 |
| 12 + 25 | 9 x 32 | 4 x 40 | 9 + 33 |
| 47 | 41 | 205 | 35 |
| 5 + 42 | 9 + 32 | 5 x 41 | 8 + 27 |
| 280 | 210 | 38 | 300 |
| 10 x 28 | 5 x 42 | 10 + 28 | 12 x 25 |
| 297 | 44 | 216 | 46 |
| 9 x 33 | 4 + 40 | 8 x 27 | 5 + 41 |

| 4 | 5 | 5 | 8 | 9 | 9 | 10 | 12 | 25 | 27 | 28 | 32 | 33 | 40 | 41 | 42 |
|---|---|---|---|---|---|---|---|---|---|---|---|---|---|---|---|

## 59

| | | | |
|---|---|---|---|
| 282 | 216 | 39 | 30 |
| 6 x 47 | 9 x 24 | 8 + 31 | 13 + 17 |
| 36 | 299 | 42 | 248 |
| 13 + 23 | 13 x 23 | 9 + 33 | 8 x 31 |
| 200 | 45 | 297 | 234 |
| 5 x 40 | 5 + 40 | 9 x 33 | 9 x 26 |
| 221 | 33 | 53 | 35 |
| 13 x 17 | 9 + 24 | 6 + 47 | 9 + 26 |

| 5 | 6 | 8 | 9 | 9 | 9 | 13 | 13 | 17 | 23 | 24 | 26 | 31 | 33 | 40 | 47 |
|---|---|---|---|---|---|---|---|---|---|---|---|---|---|---|---|

## 60

| | | | |
|---|---|---|---|
| 351 | 196 | 52 | 35 |
| 9 x 39 | 4 x 49 | 6 + 46 | 14 + 21 |
| 49 | 28 | 53 | 318 |
| 9 + 40 | 4 + 24 | 4 + 49 | 3 x 106 |
| 192 | 96 | 360 | 294 |
| 6 x 32 | 4 x 24 | 9 x 40 | 14 x 21 |
| 276 | 38 | 109 | 48 |
| 6 x 46 | 6 + 32 | 3 + 106 | 9 + 39 |

| 3 | 4 | 4 | 6 | 6 | 9 | 9 | 14 | 21 | 24 | 32 | 39 | 40 | 46 | 49 | 106 |
|---|---|---|---|---|---|---|---|---|---|---|---|---|---|---|---|

## 61

| | | | |
|---|---|---|---|
| 24 | 15 | 10 | 45 |
| 2 x 12 | 7 + 8 | 2 + 8 | 3 x 15 |
| 8 | 40 | 12 | 20 |
| 2 + 6 | 4 x 10 | 2 x 6 | 6 + 14 |
| 14 | 13 | 36 | 18 |
| 2 + 12 | 4 + 9 | 4 x 9 | 3 + 15 |
| 16 | 56 | 14 | 84 |
| 2 x 8 | 7 x 8 | 4 + 10 | 6 x 14 |

| 2 | 2 | 2 | 3 | 4 | 4 | 6 | 6 | 7 | 8 | 8 | 9 | 10 | 12 | 14 | 15 |
|---|---|---|---|---|---|---|---|---|---|---|---|---|---|---|---|

## 62

| | | | |
|---|---|---|---|
| 13 | 8 | 30 | 18 |
| 3 + 10 | 3 + 5 | 3 x 10 | 6 + 12 |
| 23 | 18 | 32 | 12 |
| 2 + 21 | 2 x 9 | 4 x 8 | 4 + 8 |
| 112 | 42 | 15 | 11 |
| 8 x 14 | 2 x 21 | 3 x 5 | 2 + 9 |
| 9 | 20 | 72 | 22 |
| 4 + 5 | 4 x 5 | 6 x 12 | 8 + 14 |

| 2 | 2 | 3 | 3 | 4 | 4 | 5 | 5 | 6 | 8 | 8 | 9 | 10 | 12 | 14 | 21 |
|---|---|---|---|---|---|---|---|---|---|---|---|---|---|---|---|

## 63

| | | | |
|---|---|---|---|
| 21 | 15 | 80 | 45 |
| 3 + 18 | 1 x 15 | 5 x 16 | 5 x 9 |
| 72 | 24 | 6 | 20 |
| 8 x 9 | 3 + 21 | 2 + 4 | 4 x 5 |
| 14 | 8 | 21 | 17 |
| 5 + 9 | 2 x 4 | 5 + 16 | 8 + 9 |
| 16 | 54 | 9 | 63 |
| 1 + 15 | 3 x 18 | 4 + 5 | 3 x 21 |

| 1 | 2 | 3 | 3 | 4 | 4 | 5 | 5 | 5 | 8 | 9 | 9 | 15 | 16 | 18 | 21 |
|---|---|---|---|---|---|---|---|---|---|---|---|---|---|---|---|

## 64

| | | | |
|---|---|---|---|
| 64 | 30 | 16 | 13 |
| 4 x 16 | 3 x 10 | 4 + 12 | 3 + 10 |
| 15 | 96 | 16 | 48 |
| 1 x 15 | 6 x 16 | 1 + 15 | 4 x 12 |
| 22 | 17 | 72 | 42 |
| 6 + 16 | 8 + 9 | 8 x 9 | 6 x 7 |
| 40 | 13 | 20 | 14 |
| 4 x 10 | 6 + 7 | 4 + 16 | 4 + 10 |

| 1 | 3 | 4 | 4 | 4 | 6 | 6 | 7 | 8 | 9 | 10 | 10 | 12 | 15 | 16 | 16 |
|---|---|---|---|---|---|---|---|---|---|---|---|---|---|---|---|

## 65

| 17 | 12 | 42 | 23 |
|---|---|---|---|
| 2 + 15 | 2 + 10 | 2 x 21 | 2 + 21 |
| 40 | 22 | 48 | 16 |
| 5 x 8 | 7 + 15 | 6 x 8 | 6 + 10 |
| 119 | 60 | 20 | 14 |
| 7 x 17 | 6 x 10 | 2 x 10 | 6 + 8 |
| 13 | 24 | 105 | 30 |
| 5 + 8 | 7 + 17 | 7 x 15 | 2 x 15 |

| 2 | 2 | 2 | 5 | 6 | 6 | 7 | 7 | 8 | 8 | 10 | 10 | 15 | 15 | 17 | 21 |
|---|---|---|---|---|---|---|---|---|---|---|---|---|---|---|---|

## 66

| 70 | 30 | 19 | 10 |
|---|---|---|---|
| 5 x 14 | 2 x 15 | 5 + 14 | 5 + 5 |
| 17 | 117 | 19 | 60 |
| 2 + 15 | 9 x 13 | 4 + 15 | 4 x 15 |
| 28 | 22 | 108 | 48 |
| 4 x 7 | 9 + 13 | 4 x 27 | 4 x 12 |
| 31 | 11 | 25 | 16 |
| 4 + 27 | 4 + 7 | 5 x 5 | 4 + 12 |

| 2 | 4 | 4 | 4 | 4 | 5 | 5 | 5 | 7 | 9 | 12 | 13 | 14 | 15 | 15 | 27 |
|---|---|---|---|---|---|---|---|---|---|---|---|---|---|---|---|

## 67

| 16 | 112 | 27 | 23 |
|---|---|---|---|
| 2 x 8 | 7 x 16 | 3 x 9 | 7 + 16 |
| 25 | 21 | 63 | 16 |
| 1 + 24 | 9 + 12 | 3 x 21 | 8 + 8 |
| 108 | 64 | 20 | 12 |
| 9 x 12 | 8 x 8 | 10 + 10 | 3 + 9 |
| 10 | 24 | 100 | 24 |
| 2 + 8 | 1 x 24 | 10 x 10 | 3 + 21 |

| 1 | 2 | 3 | 3 | 7 | 8 | 8 | 8 | 9 | 9 | 10 | 10 | 12 | 16 | 21 | 24 |
|---|---|---|---|---|---|---|---|---|---|---|---|---|---|---|---|

## 68

| 12 | 100 | 27 | 22 |
|---|---|---|---|
| 1 + 11 | 5 x 20 | 1 + 26 | 4 + 18 |
| 26 | 15 | 29 | 11 |
| 1 x 26 | 3 + 12 | 5 + 24 | 1 x 11 |
| 72 | 36 | 13 | 126 |
| 4 x 18 | 3 x 12 | 6 + 7 | 9 x 14 |
| 120 | 23 | 42 | 25 |
| 5 x 24 | 9 + 14 | 6 x 7 | 5 + 20 |

| 1 | 1 | 3 | 4 | 5 | 5 | 6 | 7 | 9 | 11 | 12 | 14 | 18 | 20 | 24 | 26 |
|---|---|---|---|---|---|---|---|---|---|---|---|---|---|---|---|

## 69

| 66 | 42 | 23 | 13 |
|---|---|---|---|
| 6 x 11 | 6 x 7 | 3 + 20 | 6 + 7 |
| 17 | 144 | 24 | 60 |
| 6 + 11 | 8 x 18 | 2 + 22 | 3 x 20 |
| 36 | 25 | 126 | 48 |
| 3 x 12 | 7 + 18 | 7 x 18 | 4 x 12 |
| 44 | 15 | 26 | 16 |
| 2 x 22 | 3 + 12 | 8 + 18 | 4 + 12 |

| 2 | 3 | 3 | 4 | 6 | 6 | 7 | 7 | 8 | 11 | 12 | 12 | 18 | 18 | 20 | 22 |
|---|---|---|---|---|---|---|---|---|---|---|---|---|---|---|---|

## 70

| 10 | 58 | 30 | 18 |
|---|---|---|---|
| 1 x 10 | 2 x 29 | 2 + 28 | 3 + 15 |
| 27 | 14 | 31 | 176 |
| 11 + 16 | 4 + 10 | 2 + 29 | 11 x 16 |
| 56 | 40 | 11 | 100 |
| 2 x 28 | 4 x 10 | 1 + 10 | 10 x 10 |
| 72 | 20 | 45 | 22 |
| 4 x 18 | 10 + 10 | 3 x 15 | 4 + 18 |

| 1 | 2 | 2 | 3 | 4 | 4 | 10 | 10 | 10 | 10 | 11 | 15 | 16 | 18 | 28 | 29 |
|---|---|---|---|---|---|---|---|---|---|---|---|---|---|---|---|

## 71

| 24 | 20 | 105 | 64 |
|---|---|---|---|
| 4 + 20 | 4 + 16 | 7 x 15 | 4 x 16 |
| 90 | 60 | 108 | 22 |
| 6 x 15 | 5 x 12 | 9 x 12 | 7 + 15 |
| 19 | 11 | 28 | 21 |
| 5 + 14 | 4 + 7 | 4 x 7 | 9 + 12 |
| 21 | 70 | 17 | 80 |
| 6 + 15 | 5 x 14 | 5 + 12 | 4 x 20 |

| 4 | 4 | 4 | 5 | 5 | 6 | 7 | 7 | 9 | 12 | 12 | 14 | 15 | 15 | 16 | 20 |
|---|---|---|---|---|---|---|---|---|---|---|---|---|---|---|---|

## 72

| 26 | 19 | 88 | 48 |
|---|---|---|---|
| 5 + 21 | 8 + 11 | 8 x 11 | 6 x 8 |
| 84 | 45 | 96 | 24 |
| 6 x 14 | 3 x 15 | 6 x 16 | 4 + 20 |
| 18 | 105 | 28 | 22 |
| 3 + 15 | 5 x 21 | 3 + 25 | 6 + 16 |
| 20 | 75 | 14 | 80 |
| 6 + 14 | 3 x 25 | 6 + 8 | 4 x 20 |

| 3 | 3 | 4 | 5 | 6 | 6 | 6 | 8 | 8 | 11 | 14 | 15 | 16 | 20 | 21 | 25 |
|---|---|---|---|---|---|---|---|---|---|---|---|---|---|---|---|

## 73

| | | | |
|---|---|---|---|
| 135<br>9 x 15 | 66<br>6 x 11 | 25<br>7 + 18 | 192<br>8 x 24 |
| 24<br>9 + 15 | 182<br>13 x 14 | 27<br>13 + 14 | 126<br>7 x 18 |
| 33<br>5 + 28 | 28<br>4 + 24 | 140<br>5 x 28 | 96<br>4 x 24 |
| 72<br>4 x 18 | 17<br>6 + 11 | 32<br>8 + 24 | 22<br>4 + 18 |

| 4 | 4 | 5 | 6 | 7 | 8 | 9 | 11 | 13 | 14 | 15 | 18 | 18 | 24 | 24 | 28 |
|---|---|---|---|---|---|---|---|---|---|---|---|---|---|---|---|

## 74

| | | | |
|---|---|---|---|
| 92<br>4 x 23 | 36<br>6 x 6 | 25<br>12 + 13 | 12<br>6 + 6 |
| 20<br>6 + 14 | 156<br>12 x 13 | 27<br>4 + 23 | 84<br>6 x 14 |
| 32<br>2 x 16 | 30<br>2 + 28 | 150<br>6 x 25 | 56<br>2 x 28 |
| 54<br>6 x 9 | 15<br>6 + 9 | 31<br>6 + 25 | 18<br>2 + 16 |

| 2 | 2 | 4 | 6 | 6 | 6 | 6 | 6 | 9 | 12 | 13 | 14 | 16 | 23 | 25 | 28 |
|---|---|---|---|---|---|---|---|---|---|---|---|---|---|---|---|

## 75

| | | | |
|---|---|---|---|
| 23<br>5 + 18 | 126<br>3 x 42 | 80<br>5 x 16 | 35<br>3 + 32 |
| 45<br>3 + 42 | 25<br>5 + 20 | 90<br>5 x 18 | 22<br>8 + 14 |
| 112<br>8 x 14 | 96<br>3 x 32 | 24<br>2 + 22 | 21<br>5 + 16 |
| 20<br>2 + 18 | 36<br>2 x 18 | 100<br>5 x 20 | 44<br>2 x 22 |

| 2 | 2 | 3 | 3 | 5 | 5 | 5 | 8 | 14 | 16 | 18 | 18 | 20 | 22 | 32 | 42 |
|---|---|---|---|---|---|---|---|---|---|---|---|---|---|---|---|

## 76

| | | | |
|---|---|---|---|
| 60<br>3 x 20 | 28<br>8 + 20 | 21<br>3 + 18 | 120<br>5 x 24 |
| 16<br>7 + 9 | 108<br>6 x 18 | 23<br>3 + 20 | 54<br>3 x 18 |
| 26<br>2 + 24 | 23<br>11 + 12 | 63<br>7 x 9 | 48<br>2 x 24 |
| 29<br>5 + 24 | 132<br>11 x 12 | 24<br>6 + 18 | 160<br>8 x 20 |

| 2 | 3 | 3 | 5 | 6 | 7 | 8 | 9 | 11 | 12 | 18 | 18 | 20 | 20 | 24 | 24 |
|---|---|---|---|---|---|---|---|---|---|---|---|---|---|---|---|

## 77

| 112<br>7 x 16 | 50<br>5 x 10 | 24<br>6 + 18 | 15<br>5 + 10 |
|---|---|---|---|
| 23<br>7 + 16 | 140<br>7 x 20 | 25<br>8 + 17 | 110<br>10 x 11 |
| 36<br>2 x 18 | 27<br>7 + 20 | 136<br>8 x 17 | 108<br>6 x 18 |
| 84<br>3 x 28 | 20<br>2 + 18 | 31<br>3 + 28 | 21<br>10 + 11 |

| 2 | 3 | 5 | 6 | 7 | 7 | 8 | 10 | 10 | 11 | 16 | 17 | 18 | 18 | 20 | 28 |
|---|---|---|---|---|---|---|---|---|---|---|---|---|---|---|---|

## 78

| 160<br>8 x 20 | 57<br>3 x 19 | 28<br>8 + 20 | 20<br>2 + 18 |
|---|---|---|---|
| 26<br>11 + 15 | 15<br>4 + 11 | 35<br>3 + 32 | 136<br>4 x 34 |
| 44<br>4 x 11 | 36<br>2 x 18 | 165<br>11 x 15 | 96<br>3 x 32 |
| 66<br>3 x 22 | 22<br>3 + 19 | 38<br>4 + 34 | 25<br>3 + 22 |

| 2 | 3 | 3 | 3 | 4 | 4 | 8 | 11 | 11 | 15 | 18 | 19 | 20 | 22 | 32 | 34 |
|---|---|---|---|---|---|---|---|---|---|---|---|---|---|---|---|

## 79

| 84<br>7 x 12 | 51<br>3 x 17 | 22<br>4 + 18 | 240<br>12 x 20 |
|---|---|---|---|
| 20<br>3 + 17 | 120<br>8 x 15 | 23<br>8 + 15 | 72<br>4 x 18 |
| 32<br>12 + 20 | 25<br>3 + 22 | 105<br>5 x 21 | 66<br>3 x 22 |
| 60<br>5 x 12 | 17<br>5 + 12 | 26<br>5 + 21 | 19<br>7 + 12 |

| 3 | 3 | 4 | 5 | 5 | 7 | 8 | 12 | 12 | 12 | 15 | 17 | 18 | 20 | 21 | 22 |
|---|---|---|---|---|---|---|---|---|---|---|---|---|---|---|---|

## 80

| 98<br>7 x 14 | 60<br>3 x 20 | 23<br>3 + 20 | 182<br>13 x 14 |
|---|---|---|---|
| 21<br>7 + 14 | 144<br>12 x 12 | 23<br>9 + 14 | 90<br>3 x 30 |
| 33<br>3 + 30 | 24<br>12 + 12 | 126<br>9 x 14 | 72<br>8 x 9 |
| 64<br>8 x 8 | 16<br>8 + 8 | 27<br>13 + 14 | 17<br>8 + 9 |

| 3 | 3 | 7 | 8 | 8 | 8 | 9 | 9 | 12 | 12 | 13 | 14 | 14 | 14 | 20 | 30 |
|---|---|---|---|---|---|---|---|---|---|---|---|---|---|---|---|

## 81

| | | | |
|---|---|---|---|
| 104<br>4 x 26 | 56<br>4 x 14 | 22<br>9 + 13 | 150<br>6 x 25 |
| 21<br>9 + 12 | 117<br>9 x 13 | 30<br>4 + 26 | 100<br>10 x 10 |
| 42<br>2 + 40 | 31<br>6 + 25 | 108<br>9 x 12 | 96<br>3 x 32 |
| 80<br>2 x 40 | 18<br>4 + 14 | 35<br>3 + 32 | 20<br>10 + 10 |

| 2 | 3 | 4 | 4 | 6 | 9 | 9 | 10 | 10 | 12 | 13 | 14 | 25 | 26 | 32 | 40 |
|---|---|---|---|---|---|---|---|---|---|---|---|---|---|---|---|

## 82

| | | | |
|---|---|---|---|
| 27<br>11 + 16 | 13<br>2 + 11 | 150<br>6 x 25 | 33<br>6 + 27 |
| 81<br>9 x 9 | 31<br>6 + 25 | 162<br>6 x 27 | 22<br>2 x 11 |
| 13<br>5 + 8 | 176<br>11 x 16 | 30<br>10 + 20 | 18<br>9 + 9 |
| 14<br>5 + 9 | 40<br>5 x 8 | 200<br>10 x 20 | 45<br>5 x 9 |

| 2 | 5 | 5 | 6 | 6 | 8 | 9 | 9 | 9 | 10 | 11 | 11 | 16 | 20 | 25 | 27 |
|---|---|---|---|---|---|---|---|---|---|---|---|---|---|---|---|

## 83

| | | | |
|---|---|---|---|
| 95<br>5 x 19 | 27<br>6 + 21 | 20<br>6 + 14 | 126<br>6 x 21 |
| 19<br>9 + 10 | 110<br>10 x 11 | 21<br>10 + 11 | 90<br>9 x 10 |
| 27<br>9 + 18 | 24<br>5 + 19 | 100<br>5 x 20 | 84<br>6 x 14 |
| 33<br>5 + 28 | 140<br>5 x 28 | 25<br>5 + 20 | 162<br>9 x 18 |

| 5 | 5 | 5 | 6 | 6 | 9 | 9 | 10 | 10 | 11 | 14 | 18 | 19 | 20 | 21 | 28 |
|---|---|---|---|---|---|---|---|---|---|---|---|---|---|---|---|

## 84

| | | | |
|---|---|---|---|
| 30<br>5 x 6 | 20<br>4 + 16 | 207<br>9 x 23 | 64<br>4 x 16 |
| 165<br>11 x 15 | 42<br>6 x 7 | 11<br>5 + 6 | 28<br>2 x 14 |
| 17<br>6 + 11 | 13<br>6 + 7 | 32<br>9 + 23 | 26<br>11 + 15 |
| 25<br>5 + 20 | 66<br>6 x 11 | 16<br>2 + 14 | 100<br>5 x 20 |

| 2 | 4 | 5 | 5 | 6 | 6 | 6 | 7 | 9 | 11 | 11 | 14 | 15 | 16 | 20 | 23 |
|---|---|---|---|---|---|---|---|---|---|---|---|---|---|---|---|

## 85

| | | | |
|---|---|---|---|
| 20 | 105 | 38 | 26 |
| 6 + 14 | 3 x 35 | 3 + 35 | 12 + 14 |
| 38 | 25 | 54 | 168 |
| 5 + 33 | 8 + 17 | 2 x 27 | 12 x 14 |
| 99 | 68 | 21 | 165 |
| 3 x 33 | 4 x 17 | 4 + 17 | 5 x 33 |
| 136 | 29 | 84 | 36 |
| 8 x 17 | 2 + 27 | 6 x 14 | 3 + 33 |

| 2 | 3 | 3 | 4 | 5 | 6 | 8 | 12 | 14 | 14 | 17 | 17 | 27 | 33 | 33 | 35 |
|---|---|---|---|---|---|---|---|---|---|---|---|---|---|---|---|

## 86

| | | | |
|---|---|---|---|
| 28 | 21 | 126 | 60 |
| 12 + 16 | 10 + 11 | 6 x 21 | 3 x 20 |
| 110 | 40 | 184 | 27 |
| 10 x 11 | 4 x 10 | 8 x 23 | 6 + 21 |
| 16 | 192 | 31 | 24 |
| 7 + 9 | 12 x 16 | 8 + 23 | 4 + 20 |
| 23 | 63 | 14 | 80 |
| 3 + 20 | 7 x 9 | 4 + 10 | 4 x 20 |

| 3 | 4 | 4 | 6 | 7 | 8 | 9 | 10 | 10 | 11 | 12 | 16 | 20 | 20 | 21 | 23 |
|---|---|---|---|---|---|---|---|---|---|---|---|---|---|---|---|

## 87

| | | | |
|---|---|---|---|
| 15 | 72 | 36 | 27 |
| 7 + 8 | 3 x 24 | 4 x 9 | 3 + 24 |
| 33 | 22 | 40 | 13 |
| 2 + 31 | 2 + 20 | 2 x 20 | 4 + 9 |
| 62 | 52 | 17 | 176 |
| 2 x 31 | 4 x 13 | 4 + 13 | 8 x 22 |
| 96 | 28 | 56 | 30 |
| 4 x 24 | 4 + 24 | 7 x 8 | 8 + 22 |

| 2 | 2 | 3 | 4 | 4 | 4 | 7 | 8 | 8 | 9 | 13 | 20 | 22 | 24 | 24 | 31 |
|---|---|---|---|---|---|---|---|---|---|---|---|---|---|---|---|

## 88

| | | | |
|---|---|---|---|
| 28 | 15 | 80 | 36 |
| 3 + 25 | 3 + 12 | 8 x 10 | 3 x 12 |
| 75 | 32 | 110 | 27 |
| 3 x 25 | 4 x 8 | 10 x 11 | 12 + 15 |
| 12 | 180 | 29 | 21 |
| 4 + 8 | 12 x 15 | 2 + 27 | 10 + 11 |
| 18 | 37 | 232 | 54 |
| 8 + 10 | 8 + 29 | 8 x 29 | 2 x 27 |

| 2 | 3 | 3 | 4 | 8 | 8 | 8 | 10 | 10 | 11 | 12 | 12 | 15 | 25 | 27 | 29 |
|---|---|---|---|---|---|---|---|---|---|---|---|---|---|---|---|

## 89

| 165<br>5 x 33 | 88<br>4 x 22 | 31<br>10 + 21 | 19<br>9 + 10 |
|---|---|---|---|
| 26<br>4 + 22 | 17<br>8 + 9 | 37<br>2 + 35 | 130<br>10 x 13 |
| 72<br>8 x 9 | 38<br>5 + 33 | 210<br>10 x 21 | 105<br>7 x 15 |
| 90<br>9 x 10 | 22<br>7 + 15 | 70<br>2 x 35 | 23<br>10 + 13 |

| 2 | 4 | 5 | 7 | 8 | 9 | 9 | 10 | 10 | 10 | 13 | 15 | 21 | 22 | 33 | 35 |
|---|---|---|---|---|---|---|---|---|---|---|---|---|---|---|---|

## 90

| 24<br>3 x 8 | 14<br>6 + 8 | 64<br>8 x 8 | 30<br>3 x 10 |
|---|---|---|---|
| 52<br>4 x 13 | 29<br>13 + 16 | 208<br>13 x 16 | 20<br>2 + 18 |
| 13<br>3 + 10 | 11<br>3 + 8 | 27<br>3 x 9 | 17<br>4 + 13 |
| 16<br>8 + 8 | 36<br>2 x 18 | 12<br>3 + 9 | 48<br>6 x 8 |

| 2 | 3 | 3 | 3 | 4 | 6 | 8 | 8 | 8 | 8 | 9 | 10 | 13 | 13 | 16 | 18 |
|---|---|---|---|---|---|---|---|---|---|---|---|---|---|---|---|

## 91

| 145<br>5 x 29 | 63<br>3 x 21 | 29<br>14 + 15 | 16<br>8 + 8 |
|---|---|---|---|
| 27<br>7 + 20 | 15<br>5 + 10 | 34<br>5 + 29 | 140<br>7 x 20 |
| 50<br>5 x 10 | 36<br>1 x 36 | 210<br>14 x 15 | 100<br>10 x 10 |
| 64<br>8 x 8 | 20<br>10 + 10 | 37<br>1 + 36 | 24<br>3 + 21 |

| 1 | 3 | 5 | 5 | 7 | 8 | 8 | 10 | 10 | 10 | 14 | 15 | 20 | 21 | 29 | 36 |
|---|---|---|---|---|---|---|---|---|---|---|---|---|---|---|---|

## 92

| 91<br>7 x 13 | 27<br>10 + 17 | 16<br>7 + 9 | 130<br>10 x 13 |
|---|---|---|---|
| 170<br>10 x 17 | 120<br>10 x 12 | 20<br>7 + 13 | 63<br>7 x 9 |
| 25<br>12 + 13 | 22<br>10 + 12 | 112<br>4 x 28 | 32<br>4 + 28 |
| 31<br>6 + 25 | 150<br>6 x 25 | 23<br>10 + 13 | 156<br>12 x 13 |

| 4 | 6 | 7 | 7 | 9 | 10 | 10 | 10 | 12 | 12 | 13 | 13 | 13 | 17 | 25 | 28 |
|---|---|---|---|---|---|---|---|---|---|---|---|---|---|---|---|

## 93

| 21 | 240 | 56 | 34 |
|---|---|---|---|
| 10 + 11 | 8 x 30 | 7 x 8 | 4 + 30 |
| 50 | 27 | 72 | 18 |
| 2 x 25 | 2 + 25 | 6 x 12 | 6 + 12 |
| 120 | 90 | 23 | 15 |
| 4 x 30 | 5 x 18 | 5 + 18 | 7 + 8 |
| 273 | 38 | 110 | 46 |
| 7 x 39 | 8 + 30 | 10 x 11 | 7 + 39 |

| 2 | 4 | 5 | 6 | 7 | 7 | 8 | 8 | 10 | 11 | 12 | 18 | 25 | 30 | 30 | 39 |
|---|---|---|---|---|---|---|---|---|---|---|---|---|---|---|---|

## 94

| 22 | 126 | 72 | 26 |
|---|---|---|---|
| 10 + 12 | 9 x 14 | 3 x 24 | 11 + 15 |
| 35 | 25 | 81 | 20 |
| 13 + 22 | 4 + 21 | 3 x 27 | 8 + 12 |
| 120 | 84 | 23 | 286 |
| 10 x 12 | 4 x 21 | 9 + 14 | 13 x 22 |
| 165 | 27 | 96 | 30 |
| 11 x 15 | 3 + 24 | 8 x 12 | 3 + 27 |

| 3 | 3 | 4 | 8 | 9 | 10 | 11 | 12 | 12 | 13 | 14 | 15 | 21 | 22 | 24 | 27 |
|---|---|---|---|---|---|---|---|---|---|---|---|---|---|---|---|

## 95

| 19 | 140 | 29 | 24 |
|---|---|---|---|
| 9 + 10 | 10 x 14 | 10 + 19 | 10 + 14 |
| 28 | 23 | 60 | 190 |
| 8 + 20 | 3 + 20 | 3 x 20 | 10 x 19 |
| 120 | 90 | 21 | 180 |
| 6 x 20 | 9 x 10 | 9 + 12 | 12 x 15 |
| 160 | 26 | 108 | 27 |
| 8 x 20 | 6 + 20 | 9 x 12 | 12 + 15 |

| 3 | 6 | 8 | 9 | 9 | 10 | 10 | 10 | 12 | 12 | 14 | 15 | 19 | 20 | 20 | 20 |
|---|---|---|---|---|---|---|---|---|---|---|---|---|---|---|---|

## 96

| 96 | 42 | 22 | 189 |
|---|---|---|---|
| 8 x 12 | 9 + 33 | 4 + 18 | 9 x 21 |
| 20 | 117 | 22 | 81 |
| 8 + 12 | 9 x 13 | 9 + 13 | 9 x 9 |
| 38 | 30 | 105 | 72 |
| 3 + 35 | 9 + 21 | 3 x 35 | 4 x 18 |
| 64 | 297 | 34 | 18 |
| 2 x 32 | 9 x 33 | 2 + 32 | 9 + 9 |

| 2 | 3 | 4 | 8 | 9 | 9 | 9 | 9 | 9 | 12 | 13 | 18 | 21 | 32 | 33 | 35 |
|---|---|---|---|---|---|---|---|---|---|---|---|---|---|---|---|

## 97

| | | | |
|---|---|---|---|
| 26<br>11 + 15 | 360<br>18 x 20 | 48<br>4 x 12 | 39<br>17 + 22 |
| 45<br>10 + 35 | 38<br>18 + 20 | 140<br>7 x 20 | 16<br>4 + 12 |
| 350<br>10 x 35 | 152<br>4 x 38 | 27<br>7 + 20 | 380<br>19 x 20 |
| 374<br>17 x 22 | 39<br>19 + 20 | 165<br>11 x 15 | 42<br>4 + 38 |

| 4 | 4 | 7 | 10 | 11 | 12 | 15 | 17 | 18 | 19 | 20 | 20 | 20 | 22 | 35 | 38 |
|---|---|---|---|---|---|---|---|---|---|---|---|---|---|---|---|

## 98

| | | | |
|---|---|---|---|
| 29<br>13 + 16 | 14<br>7 + 7 | 120<br>4 x 30 | 34<br>6 + 28 |
| 90<br>5 x 18 | 34<br>4 + 30 | 165<br>11 x 15 | 26<br>11 + 15 |
| 208<br>13 x 16 | 168<br>6 x 28 | 31<br>9 + 22 | 23<br>5 + 18 |
| 21<br>3 + 18 | 49<br>7 x 7 | 198<br>9 x 22 | 54<br>3 x 18 |

| 3 | 4 | 5 | 6 | 7 | 7 | 9 | 11 | 13 | 15 | 16 | 18 | 18 | 22 | 28 | 30 |
|---|---|---|---|---|---|---|---|---|---|---|---|---|---|---|---|

## 99

| | | | |
|---|---|---|---|
| 176<br>11 x 16 | 45<br>7 + 38 | 30<br>14 + 16 | 266<br>7 x 38 |
| 27<br>11 + 16 | 256<br>8 x 32 | 33<br>6 + 27 | 162<br>6 x 27 |
| 40<br>8 + 32 | 36<br>5 + 31 | 224<br>14 x 16 | 155<br>5 x 31 |
| 81<br>9 x 9 | 374<br>17 x 22 | 39<br>17 + 22 | 18<br>9 + 9 |

| 5 | 6 | 7 | 8 | 9 | 9 | 11 | 14 | 16 | 16 | 17 | 22 | 27 | 31 | 32 | 38 |
|---|---|---|---|---|---|---|---|---|---|---|---|---|---|---|---|

## 100

| | | | |
|---|---|---|---|
| 175<br>7 x 25 | 129<br>3 x 43 | 40<br>4 + 36 | 26<br>12 + 14 |
| 32<br>7 + 25 | 23<br>3 + 20 | 46<br>3 + 43 | 168<br>12 x 14 |
| 120<br>5 x 24 | 60<br>3 x 20 | 22<br>4 + 18 | 161<br>7 x 23 |
| 144<br>4 x 36 | 29<br>5 + 24 | 72<br>4 x 18 | 30<br>7 + 23 |

| 3 | 3 | 4 | 4 | 5 | 7 | 7 | 12 | 14 | 18 | 20 | 23 | 24 | 25 | 36 | 43 |
|---|---|---|---|---|---|---|---|---|---|---|---|---|---|---|---|

## 101

| 15 | 180 | 33 | 27 |
|---|---|---|---|
| 7 + 8 | 6 x 30 | 13 + 20 | 1 + 26 |
| 32 | 26 | 36 | 260 |
| 2 x 16 | 1 x 26 | 6 + 30 | 13 x 20 |
| 111 | 40 | 18 | 224 |
| 3 x 37 | 3 + 37 | 2 + 16 | 14 x 16 |
| 190 | 29 | 56 | 30 |
| 10 x 19 | 10 + 19 | 7 x 8 | 14 + 16 |

| 1 | 2 | 3 | 6 | 7 | 8 | 10 | 13 | 14 | 16 | 16 | 19 | 20 | 26 | 30 | 37 |
|---|---|---|---|---|---|---|---|---|---|---|---|---|---|---|---|

## 102

| 184 | 96 | 37 | 27 |
|---|---|---|---|
| 8 x 23 | 2 x 48 | 2 + 35 | 7 + 20 |
| 32 | 20 | 39 | 180 |
| 4 + 28 | 7 + 13 | 6 + 33 | 10 x 18 |
| 91 | 50 | 198 | 140 |
| 7 x 13 | 2 + 48 | 6 x 33 | 7 x 20 |
| 112 | 28 | 70 | 31 |
| 4 x 28 | 10 + 18 | 2 x 35 | 8 + 23 |

| 2 | 2 | 4 | 6 | 7 | 7 | 8 | 10 | 13 | 18 | 20 | 23 | 28 | 33 | 35 | 48 |
|---|---|---|---|---|---|---|---|---|---|---|---|---|---|---|---|

## 103

| 112 | 31 | 22 | 168 |
|---|---|---|---|
| 8 x 14 | 4 + 27 | 8 + 14 | 6 x 28 |
| 21 | 144 | 24 | 108 |
| 8 + 13 | 8 x 18 | 9 + 15 | 4 x 27 |
| 30 | 26 | 135 | 104 |
| 9 + 21 | 8 + 18 | 9 x 15 | 8 x 13 |
| 34 | 189 | 28 | 195 |
| 6 + 28 | 9 x 21 | 13 + 15 | 13 x 15 |

| 4 | 6 | 8 | 8 | 8 | 9 | 9 | 13 | 13 | 14 | 15 | 15 | 18 | 21 | 27 | 28 |
|---|---|---|---|---|---|---|---|---|---|---|---|---|---|---|---|

## 104

| 33 | 24 | 140 | 80 |
|---|---|---|---|
| 12 + 21 | 4 + 20 | 4 x 35 | 4 x 20 |
| 135 | 39 | 170 | 32 |
| 5 x 27 | 4 + 35 | 10 x 17 | 5 + 27 |
| 21 | 182 | 33 | 31 |
| 6 + 15 | 7 x 26 | 7 + 26 | 3 + 28 |
| 27 | 84 | 252 | 90 |
| 10 + 17 | 3 x 28 | 12 x 21 | 6 x 15 |

| 3 | 4 | 4 | 5 | 6 | 7 | 10 | 12 | 15 | 17 | 20 | 21 | 26 | 27 | 28 | 35 |
|---|---|---|---|---|---|---|---|---|---|---|---|---|---|---|---|

## 105

| 100 | 37 | 23 | 192 |
|---|---|---|---|
| 4 x 25 | 3 + 34 | 3 + 20 | 12 x 16 |
| 20 | 160 | 28 | 75 |
| 5 + 15 | 8 x 20 | 8 + 20 | 5 x 15 |
| 32 | 28 | 102 | 60 |
| 16 + 16 | 12 + 16 | 3 x 34 | 3 x 20 |
| 40 | 204 | 29 | 256 |
| 6 + 34 | 6 x 34 | 4 + 25 | 16 x 16 |

| 3 | 3 | 4 | 5 | 6 | 8 | 12 | 15 | 16 | 16 | 16 | 20 | 20 | 25 | 34 | 34 |
|---|---|---|---|---|---|---|---|---|---|---|---|---|---|---|---|

## 106

| 104 | 30 | 22 | 144 |
|---|---|---|---|
| 8 x 13 | 6 + 24 | 6 + 16 | 6 x 24 |
| 21 | 120 | 22 | 96 |
| 8 + 13 | 6 x 20 | 4 + 18 | 6 x 16 |
| 28 | 26 | 110 | 72 |
| 10 + 18 | 6 + 20 | 5 x 22 | 4 x 18 |
| 41 | 180 | 27 | 348 |
| 12 + 29 | 10 x 18 | 5 + 22 | 12 x 29 |

| 4 | 5 | 6 | 6 | 6 | 8 | 10 | 12 | 13 | 16 | 18 | 18 | 20 | 22 | 24 | 29 |
|---|---|---|---|---|---|---|---|---|---|---|---|---|---|---|---|

## 107

| 31 | 192 | 100 | 63 |
|---|---|---|---|
| 9 + 22 | 12 x 16 | 1 x 100 | 1 x 63 |
| 67 | 52 | 101 | 28 |
| 1 + 66 | 3 + 49 | 1 + 100 | 12 + 16 |
| 147 | 108 | 35 | 24 |
| 3 x 49 | 6 x 18 | 4 + 31 | 6 + 18 |
| 198 | 64 | 124 | 66 |
| 9 x 22 | 1 + 63 | 4 x 31 | 1 x 66 |

| 1 | 1 | 1 | 3 | 4 | 6 | 9 | 12 | 16 | 18 | 22 | 31 | 49 | 63 | 66 | 100 |
|---|---|---|---|---|---|---|---|---|---|---|---|---|---|---|---|

## 108

| 200 | 120 | 30 | 24 |
|---|---|---|---|
| 8 x 25 | 4 x 30 | 15 + 15 | 8 + 16 |
| 28 | 23 | 33 | 182 |
| 4 + 24 | 9 + 14 | 8 + 25 | 13 x 14 |
| 105 | 34 | 225 | 128 |
| 5 x 21 | 4 + 30 | 15 x 15 | 8 x 16 |
| 126 | 26 | 96 | 27 |
| 9 x 14 | 5 + 21 | 4 x 24 | 13 + 14 |

| 4 | 4 | 5 | 8 | 8 | 9 | 13 | 14 | 14 | 15 | 15 | 16 | 21 | 24 | 25 | 30 |
|---|---|---|---|---|---|---|---|---|---|---|---|---|---|---|---|

## 109

| 180 | 84 | 29 | 20 |
|---|---|---|---|
| 9 x 20 | 4 x 21 | 9 + 20 | 8 + 12 |
| 27 | 270 | 31 | 168 |
| 6 + 21 | 15 x 18 | 10 + 21 | 7 x 24 |
| 72 | 31 | 210 | 126 |
| 4 x 18 | 7 + 24 | 10 x 21 | 6 x 21 |
| 96 | 22 | 33 | 25 |
| 8 x 12 | 4 + 18 | 15 + 18 | 4 + 21 |

| 4 | 4 | 6 | 7 | 8 | 9 | 10 | 12 | 15 | 18 | 18 | 20 | 21 | 21 | 21 | 24 |
|---|---|---|---|---|---|---|---|---|---|---|---|---|---|---|---|

## 110

| 168 | 96 | 29 | 224 |
|---|---|---|---|
| 6 x 28 | 4 x 24 | 7 + 22 | 8 x 28 |
| 28 | 192 | 30 | 154 |
| 4 + 24 | 4 x 48 | 9 + 21 | 7 x 22 |
| 52 | 34 | 189 | 100 |
| 4 + 48 | 6 + 28 | 9 x 21 | 5 x 20 |
| 99 | 20 | 36 | 25 |
| 9 x 11 | 9 + 11 | 8 + 28 | 5 + 20 |

| 4 | 4 | 5 | 6 | 7 | 8 | 9 | 9 | 11 | 20 | 21 | 22 | 24 | 28 | 28 | 48 |
|---|---|---|---|---|---|---|---|---|---|---|---|---|---|---|---|

## 111

| 105 | 30 | 234 | 130 |
|---|---|---|---|
| 7 x 15 | 6 + 24 | 13 x 18 | 10 x 13 |
| 216 | 120 | 22 | 35 |
| 8 x 27 | 6 x 20 | 7 + 15 | 8 + 27 |
| 26 | 23 | 120 | 33 |
| 6 + 20 | 10 + 13 | 6 x 20 | 8 + 25 |
| 31 | 144 | 26 | 200 |
| 13 + 18 | 6 x 24 | 6 + 20 | 8 x 25 |

| 6 | 6 | 6 | 7 | 8 | 8 | 10 | 13 | 13 | 15 | 18 | 20 | 20 | 24 | 25 | 27 |
|---|---|---|---|---|---|---|---|---|---|---|---|---|---|---|---|

## 112

| 144 | 30 | 24 | 180 |
|---|---|---|---|
| 12 x 12 | 8 + 22 | 12 + 12 | 10 x 18 |
| 21 | 176 | 26 | 140 |
| 7 + 14 | 8 x 22 | 10 + 16 | 7 x 20 |
| 28 | 27 | 160 | 98 |
| 10 + 18 | 7 + 20 | 10 x 16 | 7 x 14 |
| 33 | 182 | 27 | 200 |
| 8 + 25 | 13 x 14 | 13 + 14 | 8 x 25 |

| 7 | 7 | 8 | 8 | 10 | 10 | 12 | 12 | 13 | 14 | 14 | 16 | 18 | 20 | 22 | 25 |
|---|---|---|---|---|---|---|---|---|---|---|---|---|---|---|---|

## 113

| | | | |
|---|---|---|---|
| 27 | 198 | 126 | 37 |
| 6 + 21 | 11 x 18 | 6 x 21 | 7 + 30 |
| 102 | 29 | 132 | 25 |
| 6 x 17 | 11 + 18 | 6 x 22 | 9 + 16 |
| 180 | 144 | 28 | 23 |
| 5 x 36 | 9 x 16 | 6 + 22 | 6 + 17 |
| 210 | 37 | 160 | 41 |
| 7 x 30 | 5 + 32 | 5 x 32 | 5 + 36 |

| | | | | | | | | | | | | | | | |
|---|---|---|---|---|---|---|---|---|---|---|---|---|---|---|---|
| 5 | 5 | 6 | 6 | 6 | 7 | 9 | 11 | 16 | 17 | 18 | 21 | 22 | 30 | 32 | 36 |

## 114

| | | | |
|---|---|---|---|
| 23 | 175 | 44 | 33 |
| 7 + 16 | 5 x 35 | 1 x 44 | 3 + 30 |
| 42 | 32 | 45 | 272 |
| 8 + 34 | 16 + 16 | 1 + 44 | 8 x 34 |
| 112 | 80 | 24 | 256 |
| 7 x 16 | 4 x 20 | 4 + 20 | 16 x 16 |
| 200 | 33 | 90 | 40 |
| 8 x 25 | 8 + 25 | 3 x 30 | 5 + 35 |

| | | | | | | | | | | | | | | | |
|---|---|---|---|---|---|---|---|---|---|---|---|---|---|---|---|
| 1 | 3 | 4 | 5 | 7 | 8 | 8 | 16 | 16 | 16 | 20 | 25 | 30 | 34 | 35 | 44 |

## 115

| | | | |
|---|---|---|---|
| 27 | 216 | 96 | 31 |
| 11 + 16 | 12 x 18 | 4 x 24 | 8 + 23 |
| 72 | 30 | 102 | 23 |
| 4 x 18 | 12 + 18 | 6 x 17 | 6 + 17 |
| 192 | 176 | 28 | 22 |
| 8 x 24 | 11 x 16 | 4 + 24 | 4 + 18 |
| 252 | 32 | 184 | 33 |
| 12 x 21 | 8 + 24 | 8 x 23 | 12 + 21 |

| | | | | | | | | | | | | | | | |
|---|---|---|---|---|---|---|---|---|---|---|---|---|---|---|---|
| 4 | 4 | 6 | 8 | 8 | 11 | 12 | 12 | 16 | 17 | 18 | 18 | 21 | 23 | 24 | 24 |

## 116

| | | | |
|---|---|---|---|
| 26 | 224 | 100 | 30 |
| 10 + 16 | 14 x 16 | 5 x 20 | 14 + 16 |
| 51 | 29 | 136 | 25 |
| 3 x 17 | 8 + 21 | 4 x 34 | 5 + 20 |
| 195 | 160 | 28 | 20 |
| 13 x 15 | 10 x 16 | 13 + 15 | 3 + 17 |
| 312 | 37 | 168 | 38 |
| 13 x 24 | 13 + 24 | 8 x 21 | 4 + 34 |

| | | | | | | | | | | | | | | | |
|---|---|---|---|---|---|---|---|---|---|---|---|---|---|---|---|
| 3 | 4 | 5 | 8 | 10 | 13 | 13 | 14 | 15 | 16 | 16 | 17 | 20 | 21 | 24 | 34 |

## 117

| 27 | 198 | 72 | 30 |
|---|---|---|---|
| 11 + 16 | 11 x 18 | 4 x 18 | 9 + 21 |
| 34 | 29 | 96 | 22 |
| 8 + 26 | 11 + 18 | 4 x 24 | 4 + 18 |
| 192 | 176 | 28 | 220 |
| 8 x 24 | 11 x 16 | 4 + 24 | 11 x 20 |
| 208 | 31 | 189 | 32 |
| 8 x 26 | 11 + 20 | 9 x 21 | 8 + 24 |

| 4 | 4 | 8 | 8 | 9 | 11 | 11 | 11 | 16 | 18 | 18 | 20 | 21 | 24 | 24 | 26 |
|---|---|---|---|---|---|---|---|---|---|---|---|---|---|---|---|

## 118

| 294 | 108 | 32 | 23 |
|---|---|---|---|
| 14 x 21 | 6 x 18 | 2 + 30 | 7 + 16 |
| 31 | 21 | 35 | 220 |
| 11 + 20 | 5 + 16 | 14 + 21 | 11 x 20 |
| 80 | 38 | 361 | 187 |
| 5 x 16 | 19 + 19 | 19 x 19 | 11 x 17 |
| 112 | 24 | 60 | 28 |
| 7 x 16 | 6 + 18 | 2 x 30 | 11 + 17 |

| 2 | 5 | 6 | 7 | 11 | 11 | 14 | 16 | 16 | 17 | 18 | 19 | 19 | 20 | 21 | 30 |
|---|---|---|---|---|---|---|---|---|---|---|---|---|---|---|---|

## 119

| 25 | 196 | 66 | 29 |
|---|---|---|---|
| 9 + 16 | 7 x 28 | 3 x 22 | 4 + 25 |
| 40 | 28 | 100 | 25 |
| 6 + 34 | 8 + 20 | 4 x 25 | 3 + 22 |
| 168 | 144 | 26 | 380 |
| 12 x 14 | 9 x 16 | 12 + 14 | 19 x 20 |
| 204 | 35 | 160 | 39 |
| 6 x 34 | 7 + 28 | 8 x 20 | 19 + 20 |

| 3 | 4 | 6 | 7 | 8 | 9 | 12 | 14 | 16 | 19 | 20 | 20 | 22 | 25 | 28 | 34 |
|---|---|---|---|---|---|---|---|---|---|---|---|---|---|---|---|

## 120

| 102 | 34 | 299 | 154 |
|---|---|---|---|
| 3 x 34 | 16 + 18 | 13 x 23 | 11 x 14 |
| 288 | 132 | 23 | 44 |
| 16 x 18 | 6 x 22 | 8 + 15 | 5 + 39 |
| 28 | 25 | 120 | 37 |
| 6 + 22 | 11 + 14 | 8 x 15 | 3 + 34 |
| 36 | 168 | 26 | 195 |
| 13 + 23 | 12 x 14 | 12 + 14 | 5 x 39 |

| 3 | 5 | 6 | 8 | 11 | 12 | 13 | 14 | 14 | 15 | 16 | 18 | 22 | 23 | 34 | 39 |
|---|---|---|---|---|---|---|---|---|---|---|---|---|---|---|---|

**121**

| 26 | 252 | 105 | 33 |
|---|---|---|---|
| 5 + 21 | 12 x 21 | 5 x 21 | 12 + 21 |
| 45 | 29 | 120 | 22 |
| 8 + 37 | 11 + 18 | 10 x 12 | 10 + 12 |
| 198 | 160 | 28 | 296 |
| 11 x 18 | 5 x 32 | 13 + 15 | 8 x 37 |
| 270 | 37 | 195 | 39 |
| 9 x 30 | 5 + 32 | 13 x 15 | 9 + 30 |

| 5 | 5 | 8 | 9 | 10 | 11 | 12 | 12 | 13 | 15 | 18 | 21 | 21 | 30 | 32 | 37 |
|---|---|---|---|---|---|---|---|---|---|---|---|---|---|---|---|

**122**

| 42 | 29 | 320 | 100 |
|---|---|---|---|
| 12 + 30 | 5 + 24 | 16 x 20 | 10 x 10 |
| 280 | 64 | 360 | 38 |
| 10 x 28 | 2 x 32 | 12 x 30 | 10 + 28 |
| 29 | 20 | 50 | 36 |
| 9 + 20 | 10 + 10 | 2 x 25 | 16 + 20 |
| 34 | 120 | 27 | 180 |
| 2 + 32 | 5 x 24 | 2 + 25 | 9 x 20 |

| 2 | 2 | 5 | 9 | 10 | 10 | 10 | 12 | 16 | 20 | 20 | 24 | 25 | 28 | 30 | 32 |
|---|---|---|---|---|---|---|---|---|---|---|---|---|---|---|---|

**123**

| 105 | 32 | 300 | 192 |
|---|---|---|---|
| 3 x 35 | 8 + 24 | 12 x 25 | 8 x 24 |
| 220 | 132 | 22 | 40 |
| 11 x 20 | 11 x 12 | 10 + 12 | 6 + 34 |
| 31 | 23 | 120 | 38 |
| 11 + 20 | 11 + 12 | 10 x 12 | 3 + 35 |
| 37 | 204 | 29 | 210 |
| 12 + 25 | 6 x 34 | 14 + 15 | 14 x 15 |

| 3 | 6 | 8 | 10 | 11 | 11 | 12 | 12 | 12 | 14 | 15 | 20 | 24 | 25 | 34 | 35 |
|---|---|---|---|---|---|---|---|---|---|---|---|---|---|---|---|

**124**

| 168 | 34 | 26 | 216 |
|---|---|---|---|
| 6 x 28 | 6 + 28 | 8 + 18 | 12 x 18 |
| 21 | 200 | 29 | 144 |
| 9 + 12 | 5 x 40 | 11 + 18 | 8 x 18 |
| 33 | 30 | 198 | 108 |
| 14 + 19 | 12 + 18 | 11 x 18 | 9 x 12 |
| 45 | 225 | 30 | 266 |
| 5 + 40 | 15 x 15 | 15 + 15 | 14 x 19 |

| 5 | 6 | 8 | 9 | 11 | 12 | 12 | 14 | 15 | 15 | 18 | 18 | 18 | 19 | 28 | 40 |
|---|---|---|---|---|---|---|---|---|---|---|---|---|---|---|---|

## 125

| 30<br>6 + 24 | 26<br>12 + 14 | 180<br>9 x 20 | 41<br>7 + 34 |
|---|---|---|---|
| 176<br>11 x 16 | 34<br>12 + 22 | 208<br>13 x 16 | 29<br>13 + 16 |
| 264<br>12 x 22 | 210<br>10 x 21 | 31<br>10 + 21 | 29<br>9 + 20 |
| 27<br>11 + 16 | 144<br>6 x 24 | 238<br>7 x 34 | 168<br>12 x 14 |

| 6 | 7 | 9 | 10 | 11 | 12 | 12 | 13 | 14 | 16 | 16 | 20 | 21 | 22 | 24 | 34 |
|---|---|---|---|---|---|---|---|---|---|---|---|---|---|---|---|

## 126

| 33<br>15 + 18 | 24<br>7 + 17 | 162<br>9 x 18 | 99<br>3 x 33 |
|---|---|---|---|
| 126<br>7 x 18 | 39<br>11 + 28 | 228<br>12 x 19 | 31<br>12 + 19 |
| 20<br>10 + 10 | 270<br>15 x 18 | 36<br>3 + 33 | 27<br>9 + 18 |
| 25<br>7 + 18 | 100<br>10 x 10 | 308<br>11 x 28 | 119<br>7 x 17 |

| 3 | 7 | 7 | 9 | 10 | 10 | 11 | 12 | 15 | 17 | 18 | 18 | 18 | 19 | 28 | 33 |
|---|---|---|---|---|---|---|---|---|---|---|---|---|---|---|---|

## 127

| 360<br>15 x 24 | 84<br>4 x 21 | 39<br>15 + 24 | 24<br>4 + 20 |
|---|---|---|---|
| 38<br>2 x 19 | 21<br>2 + 19 | 42<br>7 + 35 | 245<br>7 x 35 |
| 80<br>4 x 20 | 53<br>5 + 48 | 384<br>8 x 48 | 240<br>5 x 48 |
| 135<br>5 x 27 | 25<br>4 + 21 | 56<br>8 + 48 | 32<br>5 + 27 |

| 2 | 4 | 4 | 5 | 5 | 7 | 8 | 15 | 19 | 20 | 21 | 24 | 27 | 35 | 48 | 48 |
|---|---|---|---|---|---|---|---|---|---|---|---|---|---|---|---|

## 128

| 116<br>4 x 29 | 35<br>5 + 30 | 330<br>15 x 22 | 220<br>11 x 20 |
|---|---|---|---|
| 323<br>17 x 19 | 150<br>5 x 30 | 22<br>10 + 12 | 41<br>8 + 33 |
| 33<br>4 + 29 | 31<br>11 + 20 | 120<br>10 x 12 | 37<br>15 + 22 |
| 36<br>17 + 19 | 252<br>14 x 18 | 32<br>14 + 18 | 264<br>8 x 33 |

| 4 | 5 | 8 | 10 | 11 | 12 | 14 | 15 | 17 | 18 | 19 | 20 | 22 | 29 | 30 | 33 |
|---|---|---|---|---|---|---|---|---|---|---|---|---|---|---|---|

## 129

| 28 | 264 | 168 | 34 |
|---|---|---|---|
| 8 + 20 | 12 x 22 | 12 x 14 | 12 + 22 |
| 160 | 30 | 176 | 27 |
| 8 x 20 | 15 + 15 | 11 x 16 | 11 + 16 |
| 225 | 180 | 29 | 26 |
| 15 x 15 | 9 x 20 | 9 + 20 | 12 + 14 |
| 288 | 36 | 224 | 41 |
| 9 x 32 | 8 + 28 | 8 x 28 | 9 + 32 |

| 8 | 8 | 9 | 9 | 11 | 12 | 12 | 14 | 15 | 15 | 16 | 20 | 20 | 22 | 28 | 32 |
|---|---|---|---|---|---|---|---|---|---|---|---|---|---|---|---|

## 130

| 68 | 43 | 240 | 112 |
|---|---|---|---|
| 4 + 64 | 6 + 37 | 8 x 30 | 1 x 112 |
| 222 | 83 | 256 | 61 |
| 6 x 37 | 1 + 82 | 4 x 64 | 5 + 56 |
| 38 | 280 | 82 | 60 |
| 8 + 30 | 5 x 56 | 1 x 82 | 3 x 20 |
| 56 | 113 | 23 | 208 |
| 4 + 52 | 1 + 112 | 3 + 20 | 4 x 52 |

| 1 | 1 | 3 | 4 | 4 | 5 | 6 | 8 | 20 | 30 | 37 | 52 | 56 | 64 | 82 | 112 |
|---|---|---|---|---|---|---|---|---|---|---|---|---|---|---|---|

## 131

| 208 | 108 | 33 | 360 |
|---|---|---|---|
| 8 x 26 | 4 x 27 | 16 + 17 | 12 x 30 |
| 31 | 273 | 34 | 170 |
| 4 + 27 | 7 x 39 | 8 + 26 | 5 x 34 |
| 46 | 39 | 272 | 168 |
| 7 + 39 | 5 + 34 | 16 x 17 | 8 x 21 |
| 162 | 27 | 42 | 29 |
| 9 x 18 | 9 + 18 | 12 + 30 | 8 + 21 |

| 4 | 5 | 7 | 8 | 8 | 9 | 12 | 16 | 17 | 18 | 21 | 26 | 27 | 30 | 34 | 39 |
|---|---|---|---|---|---|---|---|---|---|---|---|---|---|---|---|

## 132

| 195 | 46 | 31 | 240 |
|---|---|---|---|
| 5 x 39 | 4 + 42 | 12 + 19 | 12 x 20 |
| 28 | 230 | 32 | 168 |
| 8 + 20 | 5 x 46 | 12 + 20 | 4 x 42 |
| 44 | 33 | 228 | 160 |
| 5 + 39 | 12 + 21 | 12 x 19 | 8 x 20 |
| 51 | 252 | 37 | 270 |
| 5 + 46 | 12 x 21 | 10 + 27 | 10 x 27 |

| 4 | 5 | 5 | 8 | 10 | 12 | 12 | 12 | 19 | 20 | 20 | 21 | 27 | 39 | 42 | 46 |
|---|---|---|---|---|---|---|---|---|---|---|---|---|---|---|---|

## 133

| | | | |
|---|---|---|---|
| 140 | 60 | 28 | 256 |
| 5 x 28 | 4 + 56 | 5 + 23 | 4 x 64 |
| 24 | 252 | 32 | 115 |
| 6 + 18 | 14 x 18 | 14 + 18 | 5 x 23 |
| 39 | 33 | 224 | 108 |
| 12 + 27 | 5 + 28 | 4 x 56 | 6 x 18 |
| 68 | 315 | 36 | 324 |
| 4 + 64 | 15 x 21 | 15 + 21 | 12 x 27 |

| 4 | 4 | 5 | 5 | 6 | 12 | 14 | 15 | 18 | 18 | 21 | 23 | 27 | 28 | 56 | 64 |
|---|---|---|---|---|---|---|---|---|---|---|---|---|---|---|---|

## 134

| | | | |
|---|---|---|---|
| 144 | 37 | 330 | 198 |
| 8 x 18 | 8 + 29 | 11 x 30 | 6 x 33 |
| 270 | 184 | 26 | 43 |
| 15 x 18 | 8 x 23 | 8 + 18 | 7 + 36 |
| 33 | 29 | 180 | 41 |
| 15 + 18 | 9 + 20 | 9 x 20 | 11 + 30 |
| 39 | 232 | 31 | 252 |
| 6 + 33 | 8 x 29 | 8 + 23 | 7 x 36 |

| 6 | 7 | 8 | 8 | 8 | 9 | 11 | 15 | 18 | 18 | 20 | 23 | 29 | 30 | 33 | 36 |
|---|---|---|---|---|---|---|---|---|---|---|---|---|---|---|---|

## 135

| | | | |
|---|---|---|---|
| 294 | 168 | 52 | 28 |
| 6 x 49 | 8 x 21 | 2 + 50 | 13 + 15 |
| 38 | 26 | 55 | 276 |
| 14 + 24 | 11 + 15 | 5 + 50 | 12 x 23 |
| 165 | 55 | 336 | 250 |
| 11 x 15 | 6 + 49 | 14 x 24 | 5 x 50 |
| 195 | 29 | 100 | 35 |
| 13 x 15 | 8 + 21 | 2 x 50 | 12 + 23 |

| 2 | 5 | 6 | 8 | 11 | 12 | 13 | 14 | 15 | 15 | 21 | 23 | 24 | 49 | 50 | 50 |
|---|---|---|---|---|---|---|---|---|---|---|---|---|---|---|---|

## 136

| | | | |
|---|---|---|---|
| 48 | 32 | 240 | 135 |
| 3 + 45 | 6 + 26 | 10 x 24 | 3 x 45 |
| 198 | 64 | 252 | 43 |
| 11 x 18 | 8 x 8 | 7 x 36 | 7 + 36 |
| 29 | 16 | 63 | 38 |
| 11 + 18 | 8 + 8 | 3 x 21 | 6 + 32 |
| 34 | 156 | 24 | 192 |
| 10 + 24 | 6 x 26 | 3 + 21 | 6 x 32 |

| 3 | 3 | 6 | 6 | 7 | 8 | 8 | 10 | 11 | 18 | 21 | 24 | 26 | 32 | 36 | 45 |
|---|---|---|---|---|---|---|---|---|---|---|---|---|---|---|---|

## 137

| | | | |
|---|---|---|---|
| 136 | 41 | 25 | 217 |
| 8 x 17 | 5 + 36 | 8 + 17 | 7 x 31 |
| 264 | 180 | 29 | 100 |
| 4 x 66 | 5 x 36 | 4 + 25 | 4 x 25 |
| 38 | 31 | 168 | 70 |
| 7 + 31 | 14 + 17 | 4 x 42 | 4 + 66 |
| 46 | 238 | 34 | 240 |
| 4 + 42 | 14 x 17 | 10 + 24 | 10 x 24 |

| 4 | 4 | 4 | 5 | 7 | 8 | 10 | 14 | 17 | 17 | 24 | 25 | 31 | 36 | 42 | 66 |
|---|---|---|---|---|---|---|---|---|---|---|---|---|---|---|---|

## 138

| | | | |
|---|---|---|---|
| 32 | 286 | 66 | 37 |
| 6 + 26 | 13 x 22 | 3 x 22 | 9 + 28 |
| 48 | 35 | 156 | 25 |
| 5 + 43 | 13 + 22 | 6 x 26 | 3 + 22 |
| 264 | 215 | 34 | 390 |
| 12 x 22 | 5 x 43 | 12 + 22 | 15 x 26 |
| 384 | 41 | 252 | 44 |
| 12 x 32 | 15 + 26 | 9 x 28 | 12 + 32 |

| 3 | 5 | 6 | 9 | 12 | 12 | 13 | 15 | 22 | 22 | 22 | 26 | 26 | 28 | 32 | 43 |
|---|---|---|---|---|---|---|---|---|---|---|---|---|---|---|---|

## 139

| | | | |
|---|---|---|---|
| 152 | 37 | 308 | 270 |
| 8 x 19 | 11 + 26 | 11 x 28 | 6 x 45 |
| 305 | 224 | 27 | 66 |
| 5 x 61 | 14 x 16 | 8 + 19 | 5 + 61 |
| 36 | 30 | 216 | 51 |
| 11 + 25 | 14 + 16 | 8 x 27 | 6 + 45 |
| 39 | 275 | 35 | 286 |
| 11 + 28 | 11 x 25 | 8 + 27 | 11 x 26 |

| 5 | 6 | 8 | 8 | 11 | 11 | 11 | 14 | 16 | 19 | 25 | 26 | 27 | 28 | 45 | 61 |
|---|---|---|---|---|---|---|---|---|---|---|---|---|---|---|---|

## 140

| | | | |
|---|---|---|---|
| 240 | 36 | 31 | 286 |
| 15 x 16 | 15 + 21 | 15 + 16 | 13 x 22 |
| 315 | 270 | 32 | 220 |
| 15 x 21 | 10 x 27 | 10 + 22 | 10 x 22 |
| 35 | 33 | 252 | 37 |
| 13 + 22 | 12 + 21 | 12 x 21 | 10 + 27 |
| 37 | 289 | 34 | 300 |
| 12 + 25 | 17 x 17 | 17 + 17 | 12 x 25 |

| 10 | 10 | 12 | 12 | 13 | 15 | 15 | 16 | 17 | 17 | 21 | 21 | 22 | 22 | 25 | 27 |
|---|---|---|---|---|---|---|---|---|---|---|---|---|---|---|---|

## 141

| | | | |
|---|---|---|---|
| 16 | 63 | 40 | 22 |
| 7 + 9 | 7 x 9 | 4 x 10 | 1 + 21 |
| 26 | 21 | 44 | 15 |
| 2 + 24 | 1 x 21 | 2 x 22 | 7 + 8 |
| 56 | 45 | 18 | 14 |
| 7 x 8 | 3 x 15 | 3 + 15 | 4 + 10 |
| 10 | 24 | 48 | 25 |
| 5 + 5 | 2 + 22 | 2 x 24 | 5 x 5 |

| 1 | 2 | 2 | 3 | 4 | 5 | 5 | 7 | 7 | 8 | 9 | 10 | 15 | 21 | 22 | 24 |
|---|---|---|---|---|---|---|---|---|---|---|---|---|---|---|---|

## 142

| | | | |
|---|---|---|---|
| 27 | 21 | 12 | 52 |
| 1 x 27 | 5 + 16 | 2 + 10 | 4 x 13 |
| 80 | 36 | 13 | 24 |
| 5 x 16 | 4 x 9 | 4 + 9 | 3 + 21 |
| 20 | 16 | 28 | 23 |
| 2 x 10 | 6 + 10 | 1 + 27 | 1 + 22 |
| 22 | 60 | 17 | 63 |
| 1 x 22 | 6 x 10 | 4 + 13 | 3 x 21 |

| 1 | 1 | 2 | 3 | 4 | 4 | 5 | 6 | 9 | 10 | 10 | 13 | 16 | 21 | 22 | 27 |
|---|---|---|---|---|---|---|---|---|---|---|---|---|---|---|---|

## 143

| | | | |
|---|---|---|---|
| 12 | 110 | 27 | 21 |
| 3 x 4 | 5 x 22 | 5 + 22 | 9 + 12 |
| 24 | 16 | 28 | 11 |
| 3 + 21 | 2 + 14 | 2 x 14 | 1 + 10 |
| 108 | 63 | 13 | 10 |
| 9 x 12 | 3 x 21 | 2 + 11 | 1 x 10 |
| 7 | 22 | 90 | 23 |
| 3 + 4 | 2 x 11 | 5 x 18 | 5 + 18 |

| 1 | 2 | 2 | 3 | 3 | 4 | 5 | 5 | 9 | 10 | 11 | 12 | 14 | 18 | 21 | 22 |
|---|---|---|---|---|---|---|---|---|---|---|---|---|---|---|---|

## 144

| | | | |
|---|---|---|---|
| 17 | 100 | 54 | 24 |
| 5 + 12 | 10 x 10 | 6 x 9 | 4 + 20 |
| 36 | 20 | 60 | 16 |
| 6 x 6 | 10 + 10 | 5 x 12 | 7 + 9 |
| 80 | 63 | 18 | 15 |
| 4 x 20 | 7 x 9 | 2 + 16 | 6 + 9 |
| 12 | 25 | 66 | 32 |
| 6 + 6 | 3 + 22 | 3 x 22 | 2 x 16 |

| 2 | 3 | 4 | 5 | 6 | 6 | 6 | 7 | 9 | 9 | 10 | 10 | 12 | 16 | 20 | 22 |
|---|---|---|---|---|---|---|---|---|---|---|---|---|---|---|---|

## 145

| 23 | 18 | 96 | 60 |
|---|---|---|---|
| 9 + 14 | 2 x 9 | 8 x 12 | 4 x 15 |
| 72 | 25 | 126 | 22 |
| 4 x 18 | 1 + 24 | 9 x 14 | 4 + 18 |
| 17 | 11 | 24 | 20 |
| 6 + 11 | 2 + 9 | 1 x 24 | 8 + 12 |
| 19 | 64 | 16 | 66 |
| 4 + 15 | 8 x 8 | 8 + 8 | 6 x 11 |

| 1 | 2 | 4 | 4 | 6 | 8 | 8 | 8 | 9 | 9 | 11 | 12 | 14 | 15 | 18 | 24 |
|---|---|---|---|---|---|---|---|---|---|---|---|---|---|---|---|

## 146

| 44 | 24 | 15 | 70 |
|---|---|---|---|
| 4 x 11 | 4 + 20 | 4 + 11 | 7 x 10 |
| 90 | 66 | 17 | 42 |
| 6 x 15 | 3 x 22 | 7 + 10 | 2 x 21 |
| 23 | 19 | 56 | 30 |
| 2 + 21 | 7 + 12 | 2 x 28 | 2 + 28 |
| 25 | 80 | 21 | 84 |
| 3 + 22 | 4 x 20 | 6 + 15 | 7 x 12 |

| 2 | 2 | 3 | 4 | 4 | 6 | 7 | 7 | 10 | 11 | 12 | 15 | 20 | 21 | 22 | 28 |
|---|---|---|---|---|---|---|---|---|---|---|---|---|---|---|---|

## 147

| 16 | 165 | 28 | 22 |
|---|---|---|---|
| 8 + 8 | 11 x 15 | 4 x 7 | 1 + 21 |
| 26 | 21 | 60 | 16 |
| 11 + 15 | 1 x 21 | 6 x 10 | 6 + 10 |
| 120 | 64 | 20 | 11 |
| 8 x 15 | 8 x 8 | 8 + 12 | 4 + 7 |
| 10 | 23 | 96 | 24 |
| 4 + 6 | 8 + 15 | 8 x 12 | 4 x 6 |

| 1 | 4 | 4 | 6 | 6 | 7 | 8 | 8 | 8 | 8 | 10 | 11 | 12 | 15 | 15 | 21 |
|---|---|---|---|---|---|---|---|---|---|---|---|---|---|---|---|

## 148

| 24 | 16 | 72 | 38 |
|---|---|---|---|
| 2 + 22 | 6 + 10 | 2 x 36 | 2 + 36 |
| 64 | 36 | 80 | 22 |
| 4 x 16 | 3 x 12 | 8 x 10 | 7 + 15 |
| 15 | 105 | 32 | 20 |
| 3 + 12 | 7 x 15 | 4 + 28 | 4 + 16 |
| 18 | 44 | 112 | 60 |
| 8 + 10 | 2 x 22 | 4 x 28 | 6 x 10 |

| 2 | 2 | 3 | 4 | 4 | 6 | 7 | 8 | 10 | 10 | 12 | 15 | 16 | 22 | 28 | 36 |
|---|---|---|---|---|---|---|---|---|---|---|---|---|---|---|---|

## 149

| 80 | 24 | 18 | 126 |
|---|---|---|---|
| 4 x 20 | 4 + 20 | 4 + 14 | 9 x 14 |
| 15 | 108 | 20 | 56 |
| 3 + 12 | 9 x 12 | 2 x 10 | 4 x 14 |
| 23 | 21 | 90 | 36 |
| 9 + 14 | 6 + 15 | 6 x 15 | 3 x 12 |
| 27 | 140 | 21 | 12 |
| 7 + 20 | 7 x 20 | 9 + 12 | 2 + 10 |

| 2 | 3 | 4 | 4 | 6 | 7 | 9 | 9 | 10 | 12 | 12 | 14 | 14 | 15 | 20 | 20 |
|---|---|---|---|---|---|---|---|---|---|---|---|---|---|---|---|

## 150

| 96 | 60 | 23 | 17 |
|---|---|---|---|
| 8 x 12 | 3 x 20 | 5 + 18 | 3 + 14 |
| 22 | 112 | 23 | 90 |
| 8 + 14 | 8 x 14 | 3 + 20 | 5 x 18 |
| 42 | 25 | 100 | 84 |
| 3 x 14 | 5 + 20 | 5 x 20 | 7 x 12 |
| 66 | 19 | 25 | 20 |
| 3 x 22 | 7 + 12 | 3 + 22 | 8 + 12 |

| 3 | 3 | 3 | 5 | 5 | 7 | 8 | 8 | 12 | 12 | 14 | 14 | 18 | 20 | 20 | 22 |
|---|---|---|---|---|---|---|---|---|---|---|---|---|---|---|---|

## 151

| 24 | 14 | 64 | 26 |
|---|---|---|---|
| 12 + 12 | 2 + 12 | 4 x 16 | 5 + 21 |
| 48 | 25 | 100 | 22 |
| 4 x 12 | 5 + 20 | 5 x 20 | 2 + 20 |
| 144 | 105 | 24 | 20 |
| 12 x 12 | 5 x 21 | 2 x 12 | 4 + 16 |
| 16 | 33 | 140 | 40 |
| 4 + 12 | 5 + 28 | 5 x 28 | 2 x 20 |

| 2 | 2 | 4 | 4 | 5 | 5 | 5 | 12 | 12 | 12 | 12 | 16 | 20 | 20 | 21 | 28 |
|---|---|---|---|---|---|---|---|---|---|---|---|---|---|---|---|

## 152

| 16 | 84 | 30 | 19 |
|---|---|---|---|
| 2 + 14 | 3 x 28 | 5 x 6 | 5 + 14 |
| 29 | 17 | 31 | 11 |
| 11 + 18 | 5 + 12 | 3 + 28 | 5 + 6 |
| 70 | 60 | 17 | 198 |
| 5 x 14 | 5 x 12 | 6 + 11 | 11 x 18 |
| 154 | 25 | 66 | 28 |
| 11 x 14 | 11 + 14 | 6 x 11 | 2 x 14 |

| 2 | 3 | 5 | 5 | 5 | 6 | 6 | 11 | 11 | 11 | 12 | 14 | 14 | 14 | 18 | 28 |
|---|---|---|---|---|---|---|---|---|---|---|---|---|---|---|---|

## 153

| 28<br>12 + 16 | 17<br>7 + 10 | 75<br>5 x 15 | 60<br>4 x 15 |
|---|---|---|---|
| 70<br>7 x 10 | 52<br>4 x 13 | 156<br>6 x 26 | 25<br>3 + 22 |
| 17<br>4 + 13 | 192<br>12 x 16 | 32<br>6 + 26 | 20<br>5 + 15 |
| 19<br>4 + 15 | 64<br>8 x 8 | 16<br>8 + 8 | 66<br>3 x 22 |

| 3 | 4 | 4 | 5 | 6 | 7 | 8 | 8 | 10 | 12 | 13 | 15 | 15 | 16 | 22 | 26 |
|---|---|---|---|---|---|---|---|---|---|---|---|---|---|---|---|

## 154

| 72<br>8 x 9 | 27<br>6 + 21 | 17<br>8 + 9 | 110<br>10 x 11 |
|---|---|---|---|
| 16<br>6 + 10 | 96<br>4 x 24 | 18<br>8 + 10 | 64<br>4 x 16 |
| 23<br>11 + 12 | 20<br>4 + 16 | 80<br>8 x 10 | 60<br>6 x 10 |
| 28<br>4 + 24 | 126<br>6 x 21 | 21<br>10 + 11 | 132<br>11 x 12 |

| 4 | 4 | 6 | 6 | 8 | 8 | 9 | 10 | 10 | 10 | 11 | 11 | 12 | 16 | 21 | 24 |
|---|---|---|---|---|---|---|---|---|---|---|---|---|---|---|---|

## 155

| 31<br>6 + 25 | 19<br>9 + 10 | 104<br>8 x 13 | 66<br>2 x 33 |
|---|---|---|---|
| 90<br>9 x 10 | 56<br>2 x 28 | 108<br>6 x 18 | 30<br>2 + 28 |
| 18<br>8 + 10 | 150<br>6 x 25 | 35<br>2 + 33 | 24<br>6 + 18 |
| 21<br>8 + 13 | 70<br>7 x 10 | 17<br>7 + 10 | 80<br>8 x 10 |

| 2 | 2 | 6 | 6 | 7 | 8 | 8 | 9 | 10 | 10 | 10 | 13 | 18 | 25 | 28 | 33 |
|---|---|---|---|---|---|---|---|---|---|---|---|---|---|---|---|

## 156

| 29<br>4 + 25 | 22<br>8 + 14 | 112<br>8 x 14 | 84<br>4 x 21 |
|---|---|---|---|
| 110<br>10 x 11 | 81<br>9 x 9 | 120<br>8 x 15 | 27<br>3 + 24 |
| 21<br>10 + 11 | 18<br>9 + 9 | 72<br>3 x 24 | 25<br>4 + 21 |
| 23<br>8 + 15 | 90<br>9 x 10 | 19<br>9 + 10 | 100<br>4 x 25 |

| 3 | 4 | 4 | 8 | 8 | 9 | 9 | 9 | 10 | 10 | 11 | 14 | 15 | 21 | 24 | 25 |
|---|---|---|---|---|---|---|---|---|---|---|---|---|---|---|---|

## 157

| 70 | 28 | 19 | 105 |
|---|---|---|---|
| 5 x 14 | 3 + 25 | 5 + 14 | 5 x 21 |
| 15 | 96 | 20 | 50 |
| 5 + 10 | 6 x 16 | 2 + 18 | 5 x 10 |
| 27 | 22 | 75 | 36 |
| 12 + 15 | 6 + 16 | 3 x 25 | 2 x 18 |
| 28 | 160 | 26 | 180 |
| 8 + 20 | 8 x 20 | 5 + 21 | 12 x 15 |

| 2 | 3 | 5 | 5 | 5 | 6 | 8 | 10 | 12 | 14 | 15 | 16 | 18 | 20 | 21 | 25 |
|---|---|---|---|---|---|---|---|---|---|---|---|---|---|---|---|

## 158

| 42 | 17 | 86 | 66 |
|---|---|---|---|
| 6 x 7 | 2 + 15 | 1 + 85 | 6 x 11 |
| 85 | 59 | 130 | 31 |
| 1 x 85 | 3 + 56 | 2 x 65 | 2 + 29 |
| 17 | 168 | 58 | 30 |
| 6 + 11 | 3 x 56 | 2 x 29 | 2 x 15 |
| 22 | 67 | 13 | 72 |
| 4 + 18 | 2 + 65 | 6 + 7 | 4 x 18 |

| 1 | 2 | 2 | 2 | 3 | 4 | 6 | 6 | 7 | 11 | 15 | 18 | 29 | 56 | 65 | 85 |
|---|---|---|---|---|---|---|---|---|---|---|---|---|---|---|---|

## 159

| 96 | 42 | 22 | 132 |
|---|---|---|---|
| 4 x 24 | 2 + 40 | 9 + 13 | 11 x 12 |
| 21 | 117 | 23 | 90 |
| 10 + 11 | 9 x 13 | 11 + 12 | 3 x 30 |
| 33 | 27 | 110 | 80 |
| 3 + 30 | 9 + 18 | 10 x 11 | 2 x 40 |
| 60 | 162 | 28 | 19 |
| 4 x 15 | 9 x 18 | 4 + 24 | 4 + 15 |

| 2 | 3 | 4 | 4 | 9 | 9 | 10 | 11 | 11 | 12 | 13 | 15 | 18 | 24 | 30 | 40 |
|---|---|---|---|---|---|---|---|---|---|---|---|---|---|---|---|

## 160

| 25 | 18 | 120 | 28 |
|---|---|---|---|
| 2 + 23 | 6 + 12 | 10 x 12 | 8 + 20 |
| 80 | 27 | 126 | 24 |
| 4 x 20 | 12 + 15 | 9 x 14 | 4 + 20 |
| 180 | 144 | 26 | 23 |
| 12 x 15 | 8 x 18 | 8 + 18 | 9 + 14 |
| 22 | 46 | 160 | 72 |
| 10 + 12 | 2 x 23 | 8 x 20 | 6 x 12 |

| 2 | 4 | 6 | 8 | 8 | 9 | 10 | 12 | 12 | 12 | 14 | 15 | 18 | 20 | 20 | 23 |
|---|---|---|---|---|---|---|---|---|---|---|---|---|---|---|---|

## 161

| 21<br>5 + 16 | 168<br>6 x 28 | 54<br>2 x 27 | 29<br>2 + 27 |
|---|---|---|---|
| 34<br>6 + 28 | 27<br>11 + 16 | 56<br>2 x 28 | 18<br>6 + 12 |
| 104<br>8 x 13 | 72<br>6 x 12 | 21<br>8 + 13 | 225<br>15 x 15 |
| 176<br>11 x 16 | 30<br>15 + 15 | 80<br>5 x 16 | 30<br>2 + 28 |

| 2 | 2 | 5 | 6 | 6 | 8 | 11 | 12 | 13 | 15 | 15 | 16 | 16 | 27 | 28 | 28 |
|---|---|---|---|---|---|---|---|---|---|---|---|---|---|---|---|

## 162

| 120<br>3 x 40 | 43<br>3 + 40 | 23<br>9 + 14 | 150<br>10 x 15 |
|---|---|---|---|
| 22<br>8 + 14 | 135<br>9 x 15 | 24<br>9 + 15 | 112<br>8 x 14 |
| 35<br>3 + 32 | 25<br>12 + 13 | 126<br>9 x 14 | 96<br>3 x 32 |
| 84<br>6 x 14 | 156<br>12 x 13 | 25<br>10 + 15 | 20<br>6 + 14 |

| 3 | 3 | 6 | 8 | 9 | 9 | 10 | 12 | 13 | 14 | 14 | 14 | 15 | 15 | 32 | 40 |
|---|---|---|---|---|---|---|---|---|---|---|---|---|---|---|---|

## 163

| 100<br>5 x 20 | 28<br>12 + 16 | 20<br>6 + 14 | 156<br>6 x 26 |
|---|---|---|---|
| 19<br>9 + 10 | 120<br>8 x 15 | 22<br>7 + 15 | 90<br>9 x 10 |
| 26<br>10 + 16 | 23<br>8 + 15 | 105<br>7 x 15 | 84<br>6 x 14 |
| 32<br>6 + 26 | 160<br>10 x 16 | 25<br>5 + 20 | 192<br>12 x 16 |

| 5 | 6 | 6 | 7 | 8 | 9 | 10 | 10 | 12 | 14 | 15 | 15 | 16 | 16 | 20 | 26 |
|---|---|---|---|---|---|---|---|---|---|---|---|---|---|---|---|

## 164

| 60<br>5 x 12 | 32<br>8 + 24 | 17<br>5 + 12 | 132<br>11 x 12 |
|---|---|---|---|
| 252<br>9 x 28 | 84<br>4 x 21 | 20<br>5 + 15 | 52<br>2 x 26 |
| 28<br>2 + 26 | 23<br>11 + 12 | 75<br>5 x 15 | 38<br>4 + 34 |
| 37<br>9 + 28 | 136<br>4 x 34 | 25<br>4 + 21 | 192<br>8 x 24 |

| 2 | 4 | 4 | 5 | 5 | 8 | 9 | 11 | 12 | 12 | 15 | 21 | 24 | 26 | 28 | 34 |
|---|---|---|---|---|---|---|---|---|---|---|---|---|---|---|---|

## 165

| | | | |
|---|---|---|---|
| 28 | 160 | 102 | 41 |
| 6 + 22 | 5 x 32 | 6 x 17 | 2 + 39 |
| 100 | 37 | 114 | 28 |
| 2 x 50 | 5 + 32 | 6 x 19 | 7 + 21 |
| 147 | 120 | 29 | 25 |
| 7 x 21 | 5 x 24 | 5 + 24 | 6 + 19 |
| 23 | 52 | 132 | 78 |
| 6 + 17 | 2 + 50 | 6 x 22 | 2 x 39 |

| 2 | 2 | 5 | 5 | 6 | 6 | 6 | 7 | 17 | 19 | 21 | 22 | 24 | 32 | 39 | 50 |
|---|---|---|---|---|---|---|---|---|---|---|---|---|---|---|---|

## 166

| | | | |
|---|---|---|---|
| 52 | 28 | 156 | 98 |
| 2 + 50 | 7 + 21 | 4 x 39 | 2 x 49 |
| 147 | 75 | 190 | 51 |
| 7 x 21 | 5 x 15 | 10 x 19 | 2 + 49 |
| 25 | 20 | 54 | 43 |
| 9 + 16 | 5 + 15 | 3 x 18 | 4 + 39 |
| 29 | 100 | 21 | 144 |
| 10 + 19 | 2 x 50 | 3 + 18 | 9 x 16 |

| 2 | 2 | 3 | 4 | 5 | 7 | 9 | 10 | 15 | 16 | 18 | 19 | 21 | 39 | 49 | 50 |
|---|---|---|---|---|---|---|---|---|---|---|---|---|---|---|---|

## 167

| | | | |
|---|---|---|---|
| 176 | 110 | 28 | 21 |
| 11 x 16 | 10 x 11 | 6 + 22 | 10 + 11 |
| 27 | 13 | 30 | 168 |
| 11 + 16 | 5 + 8 | 9 + 21 | 6 x 28 |
| 90 | 34 | 189 | 160 |
| 5 x 18 | 6 + 28 | 9 x 21 | 10 x 16 |
| 132 | 23 | 40 | 26 |
| 6 x 22 | 5 + 18 | 5 x 8 | 10 + 16 |

| 5 | 5 | 6 | 6 | 8 | 9 | 10 | 10 | 11 | 11 | 16 | 16 | 18 | 21 | 22 | 28 |
|---|---|---|---|---|---|---|---|---|---|---|---|---|---|---|---|

## 168

| | | | |
|---|---|---|---|
| 128 | 37 | 24 | 180 |
| 8 x 16 | 10 + 27 | 8 + 16 | 6 x 30 |
| 23 | 170 | 26 | 120 |
| 11 + 12 | 5 x 34 | 1 x 26 | 5 x 24 |
| 36 | 27 | 132 | 44 |
| 6 + 30 | 1 + 26 | 11 x 12 | 4 x 11 |
| 39 | 270 | 29 | 15 |
| 5 + 34 | 10 x 27 | 5 + 24 | 4 + 11 |

| 1 | 4 | 5 | 5 | 6 | 8 | 10 | 11 | 11 | 12 | 16 | 24 | 26 | 27 | 30 | 34 |
|---|---|---|---|---|---|---|---|---|---|---|---|---|---|---|---|

## 169

| 30 | 25 | 154 | 100 |
|---|---|---|---|
| 8 + 22 | 11 + 14 | 11 x 14 | 4 x 25 |
| 150 | 96 | 176 | 29 |
| 5 x 30 | 6 x 16 | 8 x 22 | 4 + 25 |
| 25 | 196 | 35 | 28 |
| 9 + 16 | 14 x 14 | 5 + 30 | 14 + 14 |
| 26 | 105 | 22 | 144 |
| 5 + 21 | 5 x 21 | 6 + 16 | 9 x 16 |

| 4 | 5 | 5 | 6 | 8 | 9 | 11 | 14 | 14 | 14 | 16 | 16 | 21 | 22 | 25 | 30 |
|---|---|---|---|---|---|---|---|---|---|---|---|---|---|---|---|

## 170

| 102 | 38 | 22 | 286 |
|---|---|---|---|
| 3 x 34 | 2 + 36 | 6 + 16 | 13 x 22 |
| 22 | 112 | 23 | 96 |
| 7 + 15 | 7 x 16 | 7 + 16 | 6 x 16 |
| 37 | 35 | 105 | 72 |
| 3 + 34 | 13 + 22 | 7 x 15 | 2 x 36 |
| 66 | 300 | 35 | 17 |
| 6 x 11 | 15 x 20 | 15 + 20 | 6 + 11 |

| 2 | 3 | 6 | 6 | 7 | 7 | 11 | 13 | 15 | 15 | 16 | 16 | 20 | 22 | 34 | 36 |
|---|---|---|---|---|---|---|---|---|---|---|---|---|---|---|---|

## 171

| 84 | 30 | 200 | 126 |
|---|---|---|---|
| 4 x 21 | 10 + 20 | 10 x 20 | 3 x 42 |
| 198 | 104 | 21 | 45 |
| 11 x 18 | 8 x 13 | 8 + 13 | 3 + 42 |
| 29 | 25 | 90 | 39 |
| 11 + 18 | 4 + 21 | 3 x 30 | 4 + 35 |
| 33 | 140 | 27 | 180 |
| 3 + 30 | 4 x 35 | 12 + 15 | 12 x 15 |

| 3 | 3 | 4 | 4 | 8 | 10 | 11 | 12 | 13 | 15 | 18 | 20 | 21 | 30 | 35 | 42 |
|---|---|---|---|---|---|---|---|---|---|---|---|---|---|---|---|

## 172

| 78 | 29 | 210 | 132 |
|---|---|---|---|
| 3 x 26 | 3 + 26 | 10 x 21 | 11 x 12 |
| 196 | 130 | 19 | 35 |
| 14 x 14 | 5 x 26 | 8 + 11 | 5 + 30 |
| 28 | 23 | 88 | 31 |
| 14 + 14 | 11 + 12 | 8 x 11 | 10 + 21 |
| 31 | 150 | 26 | 168 |
| 5 + 26 | 5 x 30 | 12 + 14 | 12 x 14 |

| 3 | 5 | 5 | 8 | 10 | 11 | 11 | 12 | 12 | 14 | 14 | 14 | 21 | 26 | 26 | 30 |
|---|---|---|---|---|---|---|---|---|---|---|---|---|---|---|---|

## 173

| 42 | 24 | 128 | 49 |
|---|---|---|---|
| 2 + 40 | 8 + 16 | 8 x 16 | 3 + 46 |
| 120 | 46 | 138 | 36 |
| 3 x 40 | 4 + 42 | 3 x 46 | 6 + 30 |
| 190 | 168 | 43 | 29 |
| 10 x 19 | 4 x 42 | 3 + 40 | 10 + 19 |
| 26 | 80 | 180 | 88 |
| 4 + 22 | 2 x 40 | 6 x 30 | 4 x 22 |

| 2 | 3 | 3 | 4 | 4 | 6 | 8 | 10 | 16 | 19 | 22 | 30 | 40 | 40 | 42 | 46 |
|---|---|---|---|---|---|---|---|---|---|---|---|---|---|---|---|

## 174

| 196 | 84 | 28 | 19 |
|---|---|---|---|
| 14 x 14 | 4 x 21 | 14 + 14 | 8 + 11 |
| 26 | 286 | 29 | 144 |
| 8 + 18 | 13 x 22 | 3 + 26 | 8 x 18 |
| 78 | 35 | 210 | 96 |
| 3 x 26 | 13 + 22 | 7 x 30 | 8 x 12 |
| 88 | 20 | 37 | 25 |
| 8 x 11 | 8 + 12 | 7 + 30 | 4 + 21 |

| 3 | 4 | 7 | 8 | 8 | 8 | 11 | 12 | 13 | 14 | 14 | 18 | 21 | 22 | 26 | 30 |
|---|---|---|---|---|---|---|---|---|---|---|---|---|---|---|---|

## 175

| 80 | 34 | 21 | 176 |
|---|---|---|---|
| 5 x 16 | 8 + 26 | 5 + 16 | 8 x 22 |
| 216 | 138 | 23 | 49 |
| 6 x 36 | 6 x 23 | 5 + 18 | 1 + 48 |
| 30 | 29 | 90 | 48 |
| 8 + 22 | 6 + 23 | 5 x 18 | 1 x 48 |
| 42 | 189 | 30 | 208 |
| 6 + 36 | 9 x 21 | 9 + 21 | 8 x 26 |

| 1 | 5 | 5 | 6 | 6 | 8 | 8 | 9 | 16 | 18 | 21 | 22 | 23 | 26 | 36 | 48 |
|---|---|---|---|---|---|---|---|---|---|---|---|---|---|---|---|

## 176

| 240 | 108 | 32 | 24 |
|---|---|---|---|
| 10 x 24 | 6 x 18 | 13 + 19 | 6 + 18 |
| 31 | 16 | 34 | 168 |
| 7 + 24 | 7 + 9 | 10 + 24 | 7 x 24 |
| 63 | 38 | 247 | 168 |
| 7 x 9 | 5 + 33 | 13 x 19 | 12 x 14 |
| 165 | 26 | 48 | 26 |
| 5 x 33 | 2 + 24 | 2 x 24 | 12 + 14 |

| 2 | 5 | 6 | 7 | 7 | 9 | 10 | 12 | 13 | 14 | 18 | 19 | 24 | 24 | 24 | 33 |
|---|---|---|---|---|---|---|---|---|---|---|---|---|---|---|---|

## 177

| 52 | 32 | 240 | 96 |
|---|---|---|---|
| 2 + 50 | 8 + 24 | 10 x 24 | 4 x 24 |
| 192 | 75 | 288 | 41 |
| 8 x 24 | 5 x 15 | 9 x 32 | 9 + 32 |
| 28 | 20 | 66 | 35 |
| 4 + 24 | 5 + 15 | 2 x 33 | 2 + 33 |
| 34 | 100 | 25 | 114 |
| 10 + 24 | 2 x 50 | 6 + 19 | 6 x 19 |

| 2 | 2 | 4 | 5 | 6 | 8 | 9 | 10 | 15 | 19 | 24 | 24 | 24 | 32 | 33 | 50 |
|---|---|---|---|---|---|---|---|---|---|---|---|---|---|---|---|

## 178

| 112 | 34 | 24 | 168 |
|---|---|---|---|
| 8 x 14 | 10 + 24 | 6 + 18 | 8 x 21 |
| 22 | 150 | 29 | 108 |
| 8 + 14 | 6 x 25 | 8 + 21 | 6 x 18 |
| 32 | 31 | 135 | 96 |
| 5 + 27 | 6 + 25 | 5 x 27 | 3 x 32 |
| 35 | 210 | 31 | 240 |
| 3 + 32 | 10 x 21 | 10 + 21 | 10 x 24 |

| 3 | 5 | 6 | 6 | 8 | 8 | 10 | 10 | 14 | 18 | 21 | 21 | 24 | 25 | 27 | 32 |
|---|---|---|---|---|---|---|---|---|---|---|---|---|---|---|---|

## 179

| 29 | 225 | 88 | 34 |
|---|---|---|---|
| 8 + 21 | 9 x 25 | 2 x 44 | 9 + 25 |
| 54 | 33 | 98 | 26 |
| 3 x 18 | 10 + 23 | 2 x 49 | 12 + 14 |
| 200 | 168 | 30 | 21 |
| 10 x 20 | 12 x 14 | 10 + 20 | 3 + 18 |
| 230 | 46 | 168 | 51 |
| 10 x 23 | 2 + 44 | 8 x 21 | 2 + 49 |

| 2 | 2 | 3 | 8 | 9 | 10 | 10 | 12 | 14 | 18 | 20 | 21 | 23 | 25 | 44 | 49 |
|---|---|---|---|---|---|---|---|---|---|---|---|---|---|---|---|

## 180

| 136 | 39 | 29 | 216 |
|---|---|---|---|
| 8 x 17 | 7 + 32 | 11 + 18 | 12 x 18 |
| 25 | 208 | 30 | 120 |
| 8 + 17 | 8 x 26 | 12 + 18 | 10 x 12 |
| 38 | 34 | 198 | 105 |
| 3 + 35 | 8 + 26 | 11 x 18 | 3 x 35 |
| 66 | 224 | 35 | 22 |
| 2 x 33 | 7 x 32 | 2 + 33 | 10 + 12 |

| 2 | 3 | 7 | 8 | 8 | 10 | 11 | 12 | 12 | 17 | 18 | 18 | 26 | 32 | 33 | 35 |
|---|---|---|---|---|---|---|---|---|---|---|---|---|---|---|---|

## 181

| 34 | 29 | 200 | 132 |
|---|---|---|---|
| 7 + 27 | 5 + 24 | 10 x 20 | 11 x 12 |
| 189 | 126 | 208 | 33 |
| 7 x 27 | 6 x 21 | 13 x 16 | 6 + 27 |
| 28 | 23 | 120 | 30 |
| 10 + 18 | 11 + 12 | 5 x 24 | 10 + 20 |
| 29 | 162 | 27 | 180 |
| 13 + 16 | 6 x 27 | 6 + 21 | 10 x 18 |

| 5 | 6 | 6 | 7 | 10 | 10 | 11 | 12 | 13 | 16 | 18 | 20 | 21 | 24 | 27 | 27 |
|---|---|---|---|---|---|---|---|---|---|---|---|---|---|---|---|

## 182

| 112 | 37 | 23 | 264 |
|---|---|---|---|
| 7 x 16 | 10 + 27 | 7 + 16 | 12 x 22 |
| 16 | 198 | 31 | 64 |
| 8 + 8 | 6 x 33 | 5 + 26 | 8 x 8 |
| 35 | 32 | 130 | 60 |
| 13 + 22 | 2 + 30 | 5 x 26 | 2 x 30 |
| 39 | 270 | 34 | 286 |
| 6 + 33 | 10 x 27 | 12 + 22 | 13 x 22 |

| 2 | 5 | 6 | 7 | 8 | 8 | 10 | 12 | 13 | 16 | 22 | 22 | 26 | 27 | 30 | 33 |
|---|---|---|---|---|---|---|---|---|---|---|---|---|---|---|---|

## 183

| 117 | 42 | 22 | 184 |
|---|---|---|---|
| 9 x 13 | 6 + 36 | 9 + 13 | 8 x 23 |
| 264 | 130 | 23 | 96 |
| 6 x 44 | 10 x 13 | 10 + 13 | 2 x 48 |
| 34 | 30 | 120 | 50 |
| 4 + 30 | 15 + 15 | 4 x 30 | 2 + 48 |
| 50 | 216 | 31 | 225 |
| 6 + 44 | 6 x 36 | 8 + 23 | 15 x 15 |

| 2 | 4 | 6 | 6 | 8 | 9 | 10 | 13 | 13 | 15 | 15 | 23 | 30 | 36 | 44 | 48 |
|---|---|---|---|---|---|---|---|---|---|---|---|---|---|---|---|

## 184

| 39 | 29 | 224 | 120 |
|---|---|---|---|
| 3 + 36 | 5 + 24 | 14 x 16 | 5 x 24 |
| 190 | 108 | 240 | 38 |
| 5 x 38 | 3 x 36 | 15 x 16 | 10 + 28 |
| 26 | 280 | 43 | 31 |
| 8 + 18 | 10 x 28 | 5 + 38 | 15 + 16 |
| 30 | 135 | 24 | 144 |
| 14 + 16 | 9 x 15 | 9 + 15 | 8 x 18 |

| 3 | 5 | 5 | 8 | 9 | 10 | 14 | 15 | 15 | 16 | 16 | 18 | 24 | 28 | 36 | 38 |
|---|---|---|---|---|---|---|---|---|---|---|---|---|---|---|---|

## 185

| 156 | 96 | 35 | 320 |
|---|---|---|---|
| 6 x 26 | 3 x 32 | 3 + 32 | 10 x 32 |
| 32 | 286 | 37 | 135 |
| 6 + 26 | 11 x 26 | 11 + 26 | 3 x 45 |
| 48 | 41 | 210 | 117 |
| 3 + 45 | 6 + 35 | 6 x 35 | 9 x 13 |
| 114 | 22 | 42 | 25 |
| 6 x 19 | 9 + 13 | 10 + 32 | 6 + 19 |

| 3 | 3 | 6 | 6 | 6 | 9 | 10 | 11 | 13 | 19 | 26 | 26 | 32 | 32 | 35 | 45 |
|---|---|---|---|---|---|---|---|---|---|---|---|---|---|---|---|

## 186

| 220 | 50 | 34 | 240 |
|---|---|---|---|
| 11 x 20 | 4 + 46 | 9 + 25 | 8 x 30 |
| 33 | 234 | 34 | 192 |
| 1 x 33 | 9 x 26 | 1 + 33 | 8 x 24 |
| 50 | 35 | 225 | 184 |
| 2 + 48 | 9 + 26 | 9 x 25 | 4 x 46 |
| 96 | 31 | 38 | 32 |
| 2 x 48 | 11 + 20 | 8 + 30 | 8 + 24 |

| 1 | 2 | 4 | 8 | 8 | 9 | 9 | 11 | 20 | 24 | 25 | 26 | 30 | 33 | 46 | 48 |
|---|---|---|---|---|---|---|---|---|---|---|---|---|---|---|---|

## 187

| 90 | 41 | 21 | 176 |
|---|---|---|---|
| 2 x 45 | 15 + 26 | 8 + 13 | 8 x 22 |
| 390 | 104 | 27 | 72 |
| 15 x 26 | 8 x 13 | 3 + 24 | 3 x 24 |
| 38 | 30 | 98 | 51 |
| 10 + 28 | 8 + 22 | 2 x 49 | 2 + 49 |
| 47 | 270 | 33 | 280 |
| 2 + 45 | 15 x 18 | 15 + 18 | 10 x 28 |

| 2 | 2 | 3 | 8 | 8 | 10 | 13 | 15 | 15 | 18 | 22 | 24 | 26 | 28 | 45 | 49 |
|---|---|---|---|---|---|---|---|---|---|---|---|---|---|---|---|

## 188

| 25 | 210 | 41 | 30 |
|---|---|---|---|
| 11 + 14 | 14 x 15 | 6 + 35 | 12 + 18 |
| 35 | 29 | 120 | 264 |
| 11 + 24 | 14 + 15 | 4 x 30 | 11 x 24 |
| 210 | 144 | 26 | 234 |
| 6 x 35 | 8 x 18 | 8 + 18 | 13 x 18 |
| 216 | 31 | 154 | 34 |
| 12 x 18 | 13 + 18 | 11 x 14 | 4 + 30 |

| 4 | 6 | 8 | 11 | 11 | 12 | 13 | 14 | 14 | 15 | 18 | 18 | 18 | 24 | 30 | 35 |
|---|---|---|---|---|---|---|---|---|---|---|---|---|---|---|---|

## 189

| | | | |
|---|---|---|---|
| 101 | 43 | 26 | 240 |
| 2 + 99 | 3 + 40 | 2 + 24 | 15 x 16 |
| 294 | 198 | 26 | 69 |
| 7 x 42 | 2 x 99 | 3 + 23 | 3 x 23 |
| 34 | 31 | 120 | 49 |
| 11 + 23 | 15 + 16 | 3 x 40 | 7 + 42 |
| 48 | 252 | 32 | 253 |
| 2 x 24 | 14 x 18 | 14 + 18 | 11 x 23 |

| 2 | 2 | 3 | 3 | 7 | 11 | 14 | 15 | 16 | 18 | 23 | 23 | 24 | 40 | 42 | 99 |
|---|---|---|---|---|---|---|---|---|---|---|---|---|---|---|---|

## 190

| | | | |
|---|---|---|---|
| 128 | 36 | 315 | 165 |
| 8 x 16 | 15 + 21 | 15 x 21 | 5 x 33 |
| 272 | 152 | 24 | 44 |
| 8 x 34 | 8 x 19 | 8 + 16 | 5 + 39 |
| 33 | 27 | 140 | 42 |
| 5 + 28 | 8 + 19 | 5 x 28 | 8 + 34 |
| 38 | 180 | 28 | 195 |
| 5 + 33 | 10 x 18 | 10 + 18 | 5 x 39 |

| 5 | 5 | 5 | 8 | 8 | 8 | 10 | 15 | 16 | 18 | 19 | 21 | 28 | 33 | 34 | 39 |
|---|---|---|---|---|---|---|---|---|---|---|---|---|---|---|---|

## 191

| | | | |
|---|---|---|---|
| 31 | 228 | 180 | 39 |
| 12 + 19 | 12 x 19 | 10 x 18 | 6 + 33 |
| 168 | 37 | 195 | 29 |
| 12 x 14 | 5 + 32 | 5 x 39 | 14 + 15 |
| 224 | 198 | 36 | 28 |
| 8 x 28 | 6 x 33 | 8 + 28 | 10 + 18 |
| 26 | 44 | 210 | 160 |
| 12 + 14 | 5 + 39 | 14 x 15 | 5 x 32 |

| 5 | 5 | 6 | 8 | 10 | 12 | 12 | 14 | 14 | 15 | 18 | 19 | 28 | 32 | 33 | 39 |
|---|---|---|---|---|---|---|---|---|---|---|---|---|---|---|---|

## 192

| | | | |
|---|---|---|---|
| 192 | 38 | 28 | 234 |
| 8 x 24 | 10 + 28 | 14 + 14 | 9 x 26 |
| 22 | 200 | 32 | 120 |
| 6 + 16 | 5 x 40 | 8 + 24 | 4 x 30 |
| 35 | 33 | 196 | 96 |
| 9 + 26 | 12 + 21 | 14 x 14 | 6 x 16 |
| 45 | 252 | 34 | 280 |
| 5 + 40 | 12 x 21 | 4 + 30 | 10 x 28 |

| 4 | 5 | 6 | 8 | 9 | 10 | 12 | 14 | 14 | 16 | 21 | 24 | 26 | 28 | 30 | 40 |
|---|---|---|---|---|---|---|---|---|---|---|---|---|---|---|---|

## 193

| 29 | 216 | 108 | 33 |
|---|---|---|---|
| 8 + 21 | 6 x 36 | 3 x 36 | 16 + 17 |
| 42 | 31 | 168 | 29 |
| 6 + 36 | 10 + 21 | 8 x 21 | 13 + 16 |
| 210 | 189 | 30 | 272 |
| 10 x 21 | 7 x 27 | 14 + 16 | 16 x 17 |
| 224 | 34 | 208 | 39 |
| 14 x 16 | 7 + 27 | 13 x 16 | 3 + 36 |

| 3 | 6 | 7 | 8 | 10 | 13 | 14 | 16 | 16 | 16 | 17 | 21 | 21 | 27 | 36 | 36 |
|---|---|---|---|---|---|---|---|---|---|---|---|---|---|---|---|

## 194

| 272 | 47 | 38 | 352 |
|---|---|---|---|
| 8 x 34 | 1 + 46 | 8 + 30 | 11 x 32 |
| 36 | 320 | 42 | 240 |
| 16 + 20 | 16 x 20 | 8 + 34 | 8 x 30 |
| 47 | 43 | 280 | 90 |
| 7 + 40 | 11 + 32 | 7 x 40 | 3 x 30 |
| 68 | 21 | 46 | 33 |
| 4 x 17 | 4 + 17 | 1 x 46 | 3 + 30 |

| 1 | 3 | 4 | 7 | 8 | 8 | 11 | 16 | 17 | 20 | 30 | 30 | 32 | 34 | 40 | 46 |
|---|---|---|---|---|---|---|---|---|---|---|---|---|---|---|---|

## 195

| 33 | 29 | 220 | 36 |
|---|---|---|---|
| 8 + 25 | 13 + 16 | 10 x 22 | 10 + 26 |
| 208 | 34 | 225 | 32 |
| 13 x 16 | 16 + 18 | 15 x 15 | 10 + 22 |
| 288 | 240 | 34 | 31 |
| 16 x 18 | 10 x 24 | 10 + 24 | 9 + 22 |
| 30 | 198 | 260 | 200 |
| 15 + 15 | 9 x 22 | 10 x 26 | 8 x 25 |

| 8 | 9 | 10 | 10 | 10 | 13 | 15 | 15 | 16 | 16 | 18 | 22 | 22 | 24 | 25 | 26 |
|---|---|---|---|---|---|---|---|---|---|---|---|---|---|---|---|

## 196

| 400 | 144 | 44 | 31 |
|---|---|---|---|
| 20 x 20 | 4 x 36 | 12 + 32 | 12 + 19 |
| 40 | 24 | 50 | 384 |
| 20 + 20 | 9 + 15 | 8 + 42 | 12 x 32 |
| 135 | 60 | 23 | 336 |
| 9 x 15 | 2 x 30 | 10 + 13 | 8 x 42 |
| 228 | 32 | 130 | 40 |
| 12 x 19 | 2 + 30 | 10 x 13 | 4 + 36 |

| 2 | 4 | 8 | 9 | 10 | 12 | 12 | 13 | 15 | 19 | 20 | 20 | 30 | 32 | 36 | 42 |
|---|---|---|---|---|---|---|---|---|---|---|---|---|---|---|---|

## 197

| 28<br>3 + 25 | 297<br>9 x 33 | 78<br>2 + 76 | 42<br>9 + 33 |
|---|---|---|---|
| 75<br>3 x 25 | 42<br>21 + 21 | 117<br>9 x 13 | 22<br>9 + 13 |
| 296<br>2 x 148 | 150<br>2 + 148 | 38<br>2 + 36 | 441<br>21 x 21 |
| 432<br>9 x 48 | 57<br>9 + 48 | 152<br>2 x 76 | 72<br>2 x 36 |

| 2 | 2 | 2 | 3 | 9 | 9 | 9 | 13 | 21 | 21 | 25 | 33 | 36 | 48 | 76 | 148 |
|---|---|---|---|---|---|---|---|---|---|---|---|---|---|---|---|

## 198

| 29<br>12 + 17 | 300<br>10 x 30 | 53<br>3 + 50 | 37<br>14 + 23 |
|---|---|---|---|
| 43<br>10 + 33 | 35<br>17 + 18 | 150<br>3 x 50 | 330<br>10 x 33 |
| 286<br>11 x 26 | 198<br>9 x 22 | 31<br>9 + 22 | 322<br>14 x 23 |
| 306<br>17 x 18 | 37<br>11 + 26 | 204<br>12 x 17 | 40<br>10 + 30 |

| 3 | 9 | 10 | 10 | 11 | 12 | 14 | 17 | 17 | 18 | 22 | 23 | 26 | 30 | 33 | 50 |
|---|---|---|---|---|---|---|---|---|---|---|---|---|---|---|---|

## 199

| 35<br>11 + 24 | 378<br>18 x 21 | 260<br>13 x 20 | 39<br>18 + 21 |
|---|---|---|---|
| 252<br>14 x 18 | 37<br>12 + 25 | 264<br>11 x 24 | 34<br>10 + 24 |
| 330<br>11 x 30 | 300<br>12 x 25 | 36<br>14 + 22 | 33<br>13 + 20 |
| 32<br>14 + 18 | 41<br>11 + 30 | 308<br>14 x 22 | 240<br>10 x 24 |

| 10 | 11 | 11 | 12 | 13 | 14 | 14 | 18 | 18 | 20 | 21 | 22 | 24 | 24 | 25 | 30 |
|---|---|---|---|---|---|---|---|---|---|---|---|---|---|---|---|

## 200

| 87<br>1 x 87 | 43<br>8 + 35 | 352<br>16 x 22 | 172<br>4 x 43 |
|---|---|---|---|
| 345<br>3 x 115 | 118<br>3 + 115 | 385<br>11 x 35 | 82<br>6 + 76 |
| 38<br>16 + 22 | 456<br>6 x 76 | 88<br>1 + 87 | 47<br>4 + 43 |
| 46<br>11 + 35 | 240<br>12 x 20 | 32<br>12 + 20 | 280<br>8 x 35 |

| 1 | 3 | 4 | 6 | 8 | 11 | 12 | 16 | 20 | 22 | 35 | 35 | 43 | 76 | 87 | 115 |
|---|---|---|---|---|---|---|---|---|---|---|---|---|---|---|---|